きのこ盆栽

渋谷卓人

contents

はじめに

きのことは、多くの謎に包まれた不思議な存在だ。現在でも世界中で、続々と新種のきのこが発見され、その多くが、どのような生態なのかわからないままとなっている。我々は古来より、そんな謎に包まれた菌類の世界とつきあい、ときに利用して独自の文化を形成してきた。日本人は古くからきのこを食べてきたし、カビによって多くの発酵食品も作り出してきた。

そのため、我々はきのこという存在について、単に食の対象として捉えてしまいがちだ。しかし、きのこの世界は、美的観点からも多くの魅力を秘めているということはあまり気づかれていない。赤色のカサとイボが特徴的なベニテングタケ、網目状のマントを広げるキヌガサタケ……。ひとたび図鑑をめくれば、幻想的で、植物にも劣らぬほど美しいたくさんのきのこに出会うことができる。登山やハイキングなどをきっかけに野生のきのこを見つけ、その健気な姿に興味を抱いたという人も多いのではないだろうか。

万華鏡のように多種多様な魅力にあふれるきのこの世界。しかし、彼らの寿命は驚くほどに短い。多くの種は２～３日ほどで地上から姿を消し、跡形もなくなってしまう。また植物と違い、その後も同じ場所で同種のきのこに巡り会えるとは限らない。まさにきのこは、一期一会のはかない存在なのだ。私自身、趣味できのこ狩りをしている最中、すでに枯れてしまったきのこを前にくやしい思いをしたことが何度もあった。

今まで、きのこに出会うには、実際に自然の森へ行き、よいタイミングできのこを見つけるか、写真などの平面的な情報に頼るしか方法がなかった。しかし、もっと立体的に、形を損なわずにきのこの姿に迫ることはできないだろうか……。そこで考えついたのが、粘土によるきのこの造形作品「きのこ盆栽」だった。

植木鉢という限られた空間を使い、きのこが生える自然環境を写し取ることで、少しでもきのこの魅力を追求できれば――本書は、その思いをもとに製作した「きのこ盆栽」を、「きのこ盆栽図鑑」と称して紹介した一冊である。掲載されているきのこはすべて、日本国内で見つけることができる在来種だ。

それぞれのきのこには、種類ごとの生態と特徴を含めた解説文を付与し、どのような環境にあるきのこなのかを、できるだけ簡単に紹介している。「もしかしたら、以前見つけたきのこはこのきのこかも……」。きのこに興味を持ち始めた人への啓蒙書として、ガイドブックとして、軽い気持ちで読み進めていただければ幸いに思う。

登山ブームで、きのこに関する関心が深まる一方、未だに「気持ちが悪い」「得体が知れない」といったイメージを持つ人も多いようだ。そんな人達を見るたび、私は「きのこは発酵食品に似ている」とつくづく思う。

発酵食品はその独特の臭気ゆえ、食べる前に嫌な先入観を持ってしまいがちだ。しかし、一度口にすれば、その美味しさから発酵食品本来の魅力に気づく、などということがしばしばある。

きのこも同様で、その奇異な見た目から敬遠してしまいがちだが、その先入観を取り払ってしまえば、彼らの独自性あふれる生態や魅力など、多くの発見が詰まっていることに気づかされるだろう。玄関だけを見て、リビングを見ずに家の価値を決めてしまうことのように、表面だけを見て判断してしまうのは非常にもったいないことだ。

本書をきっかけとして、そのようなきのこに対する負の先入観を取り払っていただければ、とひそかに考えている。野生のリアルなきのこを直接見るのは苦手であっても、作り物のきのこから入れば抵抗感も少ないだろう。日陰に追いやられがちな菌類だが、彼らも立派な自然社会の構成員であることは間違いない。気持ち悪いからと、不必要に嫌われるいわれはないはずだ。ひとまずきのこに対するマイナスなイメージは忘れて、少し勇気を出してきのこワールドに浸ってみてはいかがだろうか。

きのこ盆栽60選

1 アカヤマドリ
2 アメリカウラベニイロガワリ
3 アミタケ・オウギタケ
4 オニイグチ
5 キンチャヤマイグチ
6 ハナイグチ
7 ムラサキヤマドリタケ
8 ヤマドリタケモドキ
9 ニワタケ
10 ササクレヒトヨタケ
11 ザラエノハラタケ
12 カラカサタケ
13 ハタケシメジ
14 ホンシメジ
15 シャカシメジ
16 カキシメジ
17 キシメジ
18 ハエトリシメジ
19 マツタケ
20 ムラサキシメジ
21 ウラベニホテイシメジ
22 ガンタケ
23 タマゴタケ
24 タマゴタケモドキ
25 ドクツルタケ
26 ベニテングタケ
27 クリタケ
28 スギタケモドキ
29 ナメコ
30 ヤナギマツタケ
31 アブラシメジ
32 オオツガタケ
33 オオワライタケ
34 シイタケ
35 ツキヨタケ
36 エノキタケ
37 ホテイシメジ
38 オオモミタケ
39 マツオウジ
40 コキララタケ
41 タモギタケ
42 カワリハツ
43 チチタケ
44 ドクベニタケ
45 ハツタケ
46 マンネンタケ
47 コウタケ
48 ウスタケ
49 カニノツメ
50 サンコタケ
51 コチャダイゴケ
52 ホコリタケ
53 キツネノタイマツ
54 キヌガサタケ
55 スッポンタケ
56 アミガサタケ

遊んでみよう、きのこ盆栽
57 アカヤマタケ
58 ショウゲンジ
59 チシオタケ
60 ナラタケ

イグチ科屈指の超巨大きのこ

1

アカヤマドリ

イグチ科ヤマイグチ属

夏から秋にかけて、コナラ、ミズナラ、クヌギ、シイなどの樹下に発生する。カサはときに25cmほどにもなり、まんじゅう形からほぼ平らに開く。色は橙黄色から赤茶色で、表面のしわは成長にともないヒビとなり、内部の肉があらわになる。管孔は濃い黄色で孔は小さい。
イグチ科の中でもひときわ大型になるきのこ。サイズもさることながら、激しいヒビ割れ模様は迫力満点。ヤマドリタケ同様食用になる。

memo

表面のヒビ割れ模様は成形時に付けてもよいが、乾燥の後でも細工することができる。
クラフト用彫刻刀（V字型か平型）を用意し、カサの表面に軽く刃を押し当てて削っていく。
粘土は成形後の切削性が良好なので、力を入れなくても簡単に彫り込むことができる。
ある程度削り込みが完了したら、次はデザインナイフなどで精密な彫り込みを追加していく。
あらかじめ削るラインを鉛筆などで書き込んでおくとよい。

2 傷をつけると赤から青へ「色変わり」

アメリカウラベニイロガワリ

イグチ科ヤマドリタケ属

夏から秋、広葉樹林の地上に発生する。カサは焦げたような褐色、もしくは赤褐色をしており、表面はビロード状。管孔は黄色だが孔口は暗赤色。柄は黄色と赤色が混じり合ったような色彩を帯びる。変色性があり、傷をつけたり空気に触れさせるとすみやかに青変する。

奇妙な名称のきのこだ。きのこには「フジウスタケ」や、「ミカワクロアミアシイグチ」など特定の地名を冠した名称があるが、「アメリカ」とは、一体どういった経緯で付けられた名称なのだろう。以前からこの名前が気になっていたため調べてみたところ、本種は日本の他に、北米にも産するからというのがおもな理由らしい。すぐ黒ずんでしまうため、食欲はそそらないが、意外にも美味しいきのこだという。

memo

カサはマホガニー調の暗褐色で塗装する。柄ははじめ黄色に着色した後で赤色をこすりつけ、ぼかし模様にしていく。

幼菌はイグチ科らしく、柄をどっしりとした形で作ると、野生の雰囲気が出る。

3 共生？　寄生？ 一緒に生える謎の関係

アミタケ（右）・オウギタケ（左）

ヌメリイグチ科ヌメリイグチ属・オウギタケ科オウギタケ属

夏から秋、マツ林など針葉樹林内に混生する。両者ともぬめりがあり背丈も近いので、並んでいる姿はまるで親友同士のようだ。ともに食用になる。
アミタケのカサはまんじゅう形から扁平になり、色はオリーブ黄色。イグチ特有の管孔をそなえるが、孔口の大きさは不ぞろいとなる。
オウギタケは扁平形でバラ色。ヒダは粗く、白色から灰黒色。柄は下部ほど細くなり、基部はやや黄色を帯びる。

memo

自然の中では一緒に生えることが多いので、両者を1つの鉢でつくるのもおもしろい。
アミタケは網目の大きさが違うので、ブラシなどで管孔状の型を押した後、千枚通しなどで孔を拡げると網目状組織を作ることができる。全体的に淡い色彩なので、薄く希釈した塗料を重ね塗りする。
オウギタケはヒダがやや粗いので、デザインナイフで切れ込みを入れるより、つまようじなど先が太いもので線を引いていくとよい。

毛羽立つツノの鬼らしさ

4

オニイグチ

イグチ科オニイグチ属

夏から秋にかけて、雑木林やマツとの混生林に発生する。カサは半球形から扁平形。白色をした綿毛状の地に灰褐色・暗褐色のささくれ状の鱗片をつける。肉は白色だが、空気に触れると赤や黒へ変色する性質を持っている。
ふわふわしたカサと、ひょろりとした柄が特徴的なきのこ。全体的に軽妙なイメージがある。あまり食用にならなさそうな見た目だが、れっきとした食菌。
イグチの仲間には、本種のように傷をつけたり、空気に触れると変色するきのこが多い。捕食されないように、食欲を減退させるような色になることで身を守っているのだろうか。

memo

綿毛のような表面は、軽量紙粘土をちぎって貼り付けるとうまく再現できる。成形乾燥後、薄く希釈した黒色をまばらに塗りつけていく。
柄もまっすぐ作るよりは、少々曲がっていたほうがオニイグチらしくなる。バランスが崩れないように、使う鉢やきのこの配置をよく考えよう。

ガサガサの柄が個性的

5

キンチャヤマイグチ

イグチ科ヤマイグチ属

夏から秋、カバノキ類の樹下に発生する。カサは橙黄色から明褐色をしており、被膜状のものでふちどられ、管孔付近で突出する。管孔は白色ないし汚白色。柄は白色の地に黒色の細かい鱗片をつける。肉は白色であるが、空気に触れるとしだいに赤くなり、最終的には黒変する。
ヤマドリタケのように端正な見た目のきのこ。優秀な食用菌でもある。イグチ科の中でもやや背高で、存在感がある。
本種によく似た「ヤマイグチ」もあるが、見た目は華やかではなく、食用としても本種に一歩譲るような印象。こちらは生食すると中毒するともいうので、注意が必要だ。

memo

ひょろりとした長い足が特徴なので、柄はやや長めに成形していく。色合いもシンプルなので、カサなどの塗装はそう難しくない。柄の表面の黒い鱗片模様は、梨地状に表面を荒らした後、少量の塗料を乾いた筆先でこすりつけていく（ドライブラシ塗装）。

ぬめるきのこは
汁物で美味しく

6

ハナイグチ

イグチ科ヌメリイグチ属

夏から秋、カラマツ林の地上にて群生する。カサは橙褐色から赤茶色で、著しい粘性を帯びる。管孔は濃い黄色を帯びるが、成熟とともに褐色となる。柄はややさび色を帯び、上部にはつばをそなえる。幼菌はカサの裏側がつばとつながり、薄い被膜に覆われている。
チチタケ同様、限定された地域において熱い支持を受けるきのこ。ハナイグチはおもに信州を中心に親しまれ、「ラクヨウ」「ジコボウ」など、おびただしい数の名称がある。
色合いといいぬめりといい、見た目は大型のナメコのようにも見える。収穫量が比較的多いのも特徴で、一度にごろっと採取できるのがうれしい。

memo

イグチ科のきのこの中でも色合いがはっきりしているので、淡く塗装するよりは、しっかりと色をのせていくほうがよい。塗装後はナメコ、アブラシメジなどと同様にツヤを出していく。

見かけによらず、意外と美味

7

ムラサキヤマドリタケ

イグチ科ヤマドリタケ属

夏から秋、ブナ科の樹木を主体とした広葉樹林内に発生する。カサは紫色で、ときに黄色。湿時にはやや粘性がある。柄は紫色の地に白色の網目模様がある。管孔ははじめ白色ののち、成長にしたがい黄色へと変色する。肉は白色だが、他のイグチのような変色性はない。

とにかく鮮やかな色彩が目を引く。青色という色は、コバルトなど重金属に由来するものが多いことから、人間は本能的に青色の食べ物を好意的に受け止めないのだという。

このムラサキヤマドリタケも、おおよそ食欲をそそるような姿ではないが、見た目とはうらはらに非常に美味しいきのこだそうだ。もしかしたら本種は、捕食されないためにこのような色彩になったのではと考えている。

memo

紫色が特徴の本種だが、必ずしも鮮烈な色合いをしているわけではなく、色彩はまちまちだ。紫色一辺倒の塗装でもいいし、黄色との斑模様にして退色具合をリアルに再現してもおもしろい。

8 「ポルチーニ」の愛称でおなじみ

ヤマドリタケモドキ

イグチ科ヤマドリタケ属

夏から秋、広葉樹林もしくはマツとの混生林内に発生。カサは褐色から黄褐色をしており、湿度のある日にはやや粘性がある。ヒダはスポンジ状の管孔組織で、はじめは白色でしだいに黄色になる。柄は太く、表面には網目模様をあらわす。
本種の近縁に「ヤマドリタケ」があるが、日本での発生は少なく、こちらのヤマドリタケモドキのほうが一般的である。
ふっくらと焼き上げたパンのようなカサと、どっしりとした風貌が特徴のきのこ。ヤマドリタケは、西欧において最高級のきのことして扱われているが、日本のヤマドリタケモドキも性質こそ違えど、風味には癖がなく、歯切れのよい上品な食用きのこだ。しかし日本では、ほとんど食用としての扱いを受けていないのが現状である。

memo

スポンジ状の管孔は、毛足の硬い筆やブラシを押し付けて型をとる。柄の部分は、根元をかなり太めに成形しておくと、特有のどっしりとしたフォルムを再現できる。

9 柄に剛毛をたくわえた個性派

ニワタケ

イチョウタケ科イチョウタケ属

夏から秋、マツの切り株や材木などに発生する。カサははじめまんじゅう形であるが、しだいに平らになり、しまいには中央部がくぼみ、耳たぶのような形状となる。表面は褐色から暗褐色で、ヒダは汚クリーム色から黄褐色を帯びる。柄は強靭で、表面には黒褐色の剛毛をそなえる。
きのこ界ではいまいち目立たない存在。しかし本種のような、剛毛を柄につけたきのこというのは他に存在しておらず、なかなか特徴的なきのこであると個人的に思っている。
かつては食用と分類されていたが、現在では食用不適となっている。要するに食べても美味しくないのだろう。

memo

材木・切り株などに生えるので、本体とは別に擬木などを用意しておく。
柄の剛毛は、成形時につまようじやナイフなどで表面をこすり、毛羽立たせるような方法で再現していく。水彩塗装の際は、せっかく毛羽立たせた表面を水分で潰してしまわないように注意する。

一夜で消える
はかなさ

10

ササクレヒトヨタケ

ハラタケ科ササクレヒトヨタケ属

春から秋、畑地や庭など肥沃な土壌に発生する。カサは柄を覆うような円柱形からつり鐘形へと開く。ヒダは成長にともない、白色から黒色になり、しまいにはインク状となり滴下する。本種の名称は、カサ、柄とも、鱗片状のささくれが著しいことにちなむ。
山奥というよりも、人の手の入った草地で見かけるようなきのこ。短命なきのこだが、発生立地上よく目にする。
一度、本種を採取して食べてみたことがあるが、ほとんど無味無臭。全体的にもろいので、手の込んだ料理よりは、サッと茹でて食べるような調理が適している。全体が白色で、色が変わっていないものだけが食用になる。

memo

形状は単純なので非常に作りやすい。ささくれは水で柔らかくした紙粘土をヘラでこそげるようにして成形していく。
柄は細く、まっすぐ伸びる性質なので、芯としてマスキングテープを巻いた針金などを仕込んでおくと製作しやすい。

暗い森に映える
純白の柄と派手なカサ

11

ザラエノハラタケ

ハラタケ科ハラタケ属

夏から秋、針葉樹林など林内に発生する。カサはまんじゅう形から扁平に開き、表面は白色の地に茶褐色の模様がある。ヒダははじめ白色ののち、ピンク色から黒褐色へと変じる。柄の中心にはつばがあり、つばより下はささくれに覆われる。
やや大きめで存在感のあるきのこ。私はこのきのことは妙に縁があり、公園、森などで何度も遭遇している。動物の縞を思わせるカサの模様は、白色無垢なハラタケの中でも洒落者の雰囲気がある。
かつては食用菌だったが、最近の図鑑では毒に分類するものも出てきている。私はかつて本種を食べたことがある。特に何ともなかったのだが、人によっては中毒を起こすというので注意が必要だ。

memo

カサの特徴的な模様をうまく表現したい。筆先に塗料をのせ、色が出るか出ないかという程度まで紙でこすり落とし、乾いた塗料を表面に塗布していく。これにより、ぼかし模様のような色彩を再現することができる。

きのこ界屈指の
背の高さ

12

カラカサタケ

ハラタケ科カラカサタケ属

夏から秋に、森林、竹林、草地などに発生する。カサははじめ卵形から扁平形へ成長し、表面には褐色の鱗片を残す。大型菌で、柄の長さはときに30cmほどにもなる。
とにかく背が高く、野生でもよく目立つきのこ。発生場所を選ばず、晴天のカラッとした日でもよく生えている。
このきのこは「ニギリタケ」という別名がある。カサを手で握り、離すと元の形に戻るからである。偶然、旅先でカラカサタケを発見したとき、試しに握ってみたところ、本当に「ボワンッ」と元の形に戻った。非常に弾力があり、スプリングでも入っているのかと思うくらいの感触だ。普通のきのこなら、カサを握った瞬間に、ボロッと崩れてしまうだろう。

memo

本種のように背の高いきのこを作る際は、柄の内部に割り箸などの芯を入れておくと、まっすぐに成形することができる。また、倒れてしまわないように、土台へしっかり固定することも必要。

庭や畑で採れる上質シメジ

13

memo

シメジなどはコンパクトに作るよりも、重量感のあるものを目指したほうが雰囲気も出るようだ。柄はやや太めに成形しておき、株でひとつながりになっている図を想像しながら数本ずつ製作していく。

ハタケシメジ

シメジ科シメジ属

秋、畑や庭園、草地、林地などに発生する。カサは成熟にしたがいほぼ扁平に開き、表面はオリーブ褐色から灰褐色。柄は数本ほど基部でまとまってつながり、ときに大きな株となる。地中深くに埋没している木材などを元に発生するといわれている。

数あるシメジの中で、最もお目にかかりやすいのはこのハタケシメジではないだろうか。ホンシメジなどと比べると、見た目などで見劣りがしないでもないが、本家にもひけをとらないほど美味しいきのこだという。

ハタケシメジ同様、畑地などの土壌で発生するシメジに「ニオウシメジ」がある。「仁王」の名のとおり、超巨大な株を形成するシメジで、その巨大さからときに新聞などで話題になることがある。

森が荒れると
いなくなる

14

ホンシメジ

シメジ科シメジ属

秋頃、コナラ林、もしくはコナラ・アカマツ混生林に発生する。カサは半球状からまんじゅう形で、しだいに平らに開く。柄は白色からクリーム色で、下部はどっしりとふくらむ。

スーパーなどでよく目にする「ほんしめじ」は、実は野生のホンシメジとは別ものである。野生のホンシメジは、樹木との共生関係を結んでおり、人工栽培は容易にできないのだ。市販されているものは、近縁の「ヒラタケ」を元に栽培されている。姿かたちこそそっくりなものの、味では野生のホンシメジにはかなわないという。一度でいいから「本物のしめじ」を食べてみたい。

memo

どっしりとした柄と、まんじゅう形のカサをうまく成形すれば、可愛らしく存在感のあるきのこ盆栽を作ることができる。束になって生えるため、粘土を乾燥させる前に、あらかじめ構図をイメージしておくと作りやすい。

釈迦の頭のような株

15

シャカシメジ

シメジ科シメジ属

memo

大きな株を作るにはやや根気が必要。まず核となる中心のきのこを1本成形し、そこから周辺の株を作りつなぎ合わせていく。本種は基部ですべて合着しているので、製作したパーツを接着後、紙粘土で隙間を埋めて接合させる。

秋、広葉樹林、もしくはマツとの混生林に発生する。カサははじめ丸形からまんじゅう形や扁平形。お互いが重なり合うように密生しているが、基部は塊状となっており、すべてが一つに合着している。菌根性のため、毎年同じ場所に発生し、ときには大きな株を形成する。
美味しい食用菌として珍重されるきのこ。本種の名称は、姿かたちが釈迦の螺髪《らほつ》に似ていることにちなむ。
秋の味覚を代表するきのこであるが、ホンシメジ同様、近年では発生量が激減している。外生菌根性のきのこは、ちょっとした環境の変化にも影響を受けやすく、山野が荒れることにより、収穫できなくなってしまうことがあるようだ。

地味な見かけでも食中毒に注意

16

カキシメジ

キシメジ科キシメジ属

秋、広葉樹林、雑木林、ときにマツ林内地上に発生する。カサは暗赤褐色から栗褐色。ヒダは湾生し、組織はやや密。白色であるが、傷や老成により表面には褐色のシミができる。
ツキヨタケ、イッポンシメジなどと並び、中毒事故の多いきのこ。理由は本種の美味しそうな見た目だろう。塩蔵すれば食べられる、マツ林に生えるものは無毒ともいわれるが、冒険心で食べるのは慎むべきだ。
きのこの判別法として、古くから「派手な見た目のものは毒、地味なものは食」といった迷信がまことしやかに流布しているが、本種のようなきのこも存在する以上、この方法はまるであてにならない。

memo

カキシメジは色の個体差が激しいが、名前のように、柿の種子のような褐色をしているものが多いようだ。
自然の姿をリアルに表現するため、本種にはナメクジをのせてみた。ナメクジはきのこが大好きなようで、野生でもよくかじられている個体を見かける。

「金茸《キンタケ》」の異名も今は昔

17

キシメジ

キシメジ科キシメジ属

秋、マツ林やコナラ、ミズナラなどの広葉樹林内に発生する。カサ、ヒダ、柄ともレモン色をしており、ときに濃い黄色となる。

本種に似たきのこに「シモコシ」があり、同定は難しいが、肉の苦味、柄の細さなどで区別される。北半球一帯に分布。

このきのこは、独特のほろ苦さが身上で、「金茸」という名称で食用きのことされてきた。しかし最近になり、本種の近縁種による中毒事例が欧州で報告され、それにともない本種は毒きのこに編入されることになった。有名な食用きのこであったので、最新版のきのこ図鑑を見て非常に驚かされた。

似たような事例として、「スギヒラタケ」などが記憶に新しい。やはりきのこの情報は絶えず仕入れていかなければならない。

memo

爽やかなレモン色の本種は、鑑賞物として楽しむのもおもしろい。柄の上部は細くなっているが、根元は太く作っていくとシメジらしい見た目になる。

ハエ捕り器になる
シメジの変わり種

18

ハエトリシメジ

キシメジ科キシメジ属

秋、クヌギ、コナラなどの広葉樹林、もしくはマツとの混生林内に発生する。カサははじめ円錐形から扁平形となり、中心部はやや突出する。色は淡黄色の地にオリーブ色を帯び、表面は放射状の繊維に覆われる。柄は白色から淡黄色をしており、肉は白色。このきのこは、ハエに対して毒性があり、「テングタケ」同様、ハエ捕り用として古くから使われてきた。シメジ界の変わり種。このきのこにはアミノ酸の旨味成分が含まれており、非常に美味しいのだそうだ。しかし美味しいからといって過食は禁物。食べ過ぎると悪酔い状態にも似た中毒をひき起こすという。1人1～2本を目安に止めておかなくてはならない。きのこには大量に食べると中毒するもの（ナラタケなど）があるので注意が必要だ。

memo

他のシメジよりも、柄をやや長めに作っておくとハエトリシメジらしくなる。カサは中心部をちょこんと盛り上げておくのがポイント。

貧栄養の
マツ林に生える、
日本人の憧れ

19

マツタケ

キシメジ科キシメジ属

秋にアカマツなどの森林に発生する。マツと共生関係を結んでおり、他の菌が好まない貧栄養地、水はけのよい土地に進出することで生存戦略をはかっている。独特の芳香があり、表面は褐色の繊維状組織に覆われ、成長にともないヒビ割れ、裂け目が生じる。

言わずと知れた秋の味覚の王様。人工栽培できないことが価値をあげているのだろう。日本ではマツタケ独特の芳香が珍重されるが、西洋ではあまり好まれないようだ。所変わればきのこの評価も一変してしまう。

ちなみにこのきのこに瓜二つの「バカマツタケ」というきのこがある。なんでも、発生時期・場所がマツタケと違うからこんな名称を付けられてしまったそうだ。あんまりといえば、あんまりである。

memo

あらかじめ凸凹ぎみに成形しておき、乾いた筆先でこするように着色していくと、隆起した部分にだけ色がのり、独特の繊維状組織を表現できる。

秋の終わりを告げる、
紫の菌輪

20

ムラサキシメジ

キシメジ科ムラサキシメジ属

秋から晩秋にかけて、雑木林の地上に群生、または単生する。カサは半球形から丸山形となり、色は薄紫色から汚桃色をしている。柄は円柱形で根元はややふくらむ。森林性の落葉分解菌で、ときに菌輪を描いて群生することがある。

淡い紫色が美しいきのこ。食用きのこだが、「どんな料理にも合う」という図鑑もあれば、「やや土臭さが残る」として、いまひとつの評価をしている本もあり、味について評価の差が激しい。試しに採取して食べてみたところ、確かに湿気に満ちた土の風味らしきものが感じられた。この野性的な風味を旨いと感じるか、土臭いと感じるかは、意見が分かれそうだ。

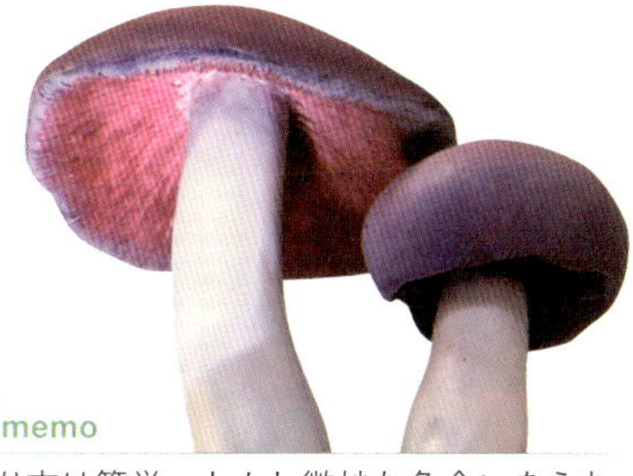

memo

作り方は簡単。しかし微妙な色合いをうまく再現するのに苦労する。紫に白色を加え、ややピンクぎみに調色したものを薄く塗り重ねていくとよい。柄は太く、カサを肉厚に成形するとムラサキシメジらしい姿になる。

指で押したような紋が特徴

21

ウラベニホテイシメジ

イッポンシメジ科イッポンシメジ属

秋、ブナ林もしくはブナ科を主体とした林地に群生、単生する。カサの表面は滑らかで灰褐色。白い絹糸状組織に覆われ、ときに小さな円形の紋をあらわす。ヒダははじめ白色をしているが、成長とともに肉色となる。

非常に美味しそうな見た目をしているきのこ。しかし実際には苦味があり、肉はやや粉臭さがあるらしい。さらに、「クサウラベニタケ」という、本種にそっくりな毒きのこがあるため、注意が必要だ。

厳密にはクサウラベニタケと見分ける方法があるが、どちらも個体差があるため、同定に自信のない人は食べるのを慎んだほうがよいかもしれない。

memo

束生せずに、ぽつぽつとまばらに生えるきのこなので、浅く広い鉢をベースにして盆景を作ると野生のイメージを再現できる。ポイントはなんといってもカサの塗装。薄めに希釈した塗料を塗り重ねていくことで、表面の滑らかさを表現していく。

テングタケ科につき油断は禁物

22

ガンタケ

テングタケ科テングタケ属

夏から秋、針葉樹林や広葉樹林内地上に発生する。カサはまんじゅう形から扁平形で茶褐色。表面には白色から淡褐色のイボを付ける。柄はやや赤褐色。中心部につばを残し、基部は球根状にふくらむ。
細かい鱗片が特徴のきのこ。色合いはやや異なるが、形はテングタケに見えなくもない。
一説には美味だともいわれ、近縁の「ドウシンタケ」とともに食用になるが、猛毒きのこが乱立するテングタケ科でもあり、同定も非常に難しいので、安易に手は出せない。
また、本種は生食すると中毒するという。日本にはきのこを生食する文化はあまりないが、アミガサタケなど生食中毒タイプのきのこはよく存在するので、図鑑であらかじめ確認したほうがよい。

memo

製作手順は他のテングタケ科のきのこに準じるが、基部は卵状の袋ではなくて球根状になっているので注意する。鱗片はテングタケ・ベニテングタケのように、細かくちぎった粘土をまばらにちりばめていく。

鮮烈な色合いの
食用きのこ

23

タマゴタケ

テングタケ科テングタケ属

夏から秋、シイ・ブナ・ナラ・モミなどの樹下に発生する。まず地上部に白色の卵状のものをあらわし、その外皮膜をやぶって成長をはじめる。カサは赤から橙赤色で、柄は黄色く、オレンジ色のささくれがある。

鮮烈な赤色のカサといい、いかにも毒がありそうなルックスをしている。しかしこのきのこは食用になる。しかも美味しいというのだ。

私は過去に2度ほどこのきのこを見つけたことがあるが、未だに食べたことはない。特に夏場に発生したものは足が早いので、たとえ旅先などで発見したとしても、それを持ち帰って調理するのはなかなか難しい。

テングタケ科のきのこは大型になるものが多いが、非常に小柄なものもあり、発生環境によって大きな差があるようだ。

memo

ある程度成長したものと、殻をやぶりたての幼菌を並べて配置するとおもしろい。つぼやつばは、なるべく薄く引き伸ばした紙粘土を使うとリアル感が増す。

テングタケ科
猛毒きのこの筆頭

24

タマゴタケモドキ

テングタケ科テングタケ属

夏から秋にかけて発生する猛毒きのこ。表面は明るい黄色、もしくは黄土色をしており、つばは白色。基部には袋状のつぼをそなえる。
毒きのこの多いテングタケ科であるが、名称、特徴とも非常にややこしい。まず「タマゴタケ」「テングタケ」というきのこがあり、それに随伴する名称のものに「タマゴタケモドキ」「テングタケダマシ」などがある。さらには「タマゴテングタケ」とつづき、しまいには「タマゴテングタケモドキ」という種まである。もはや何が何やら。ちなみに上に挙げたものはタマゴタケ以外すべて有毒なので、採取の際には注意したい。

memo

危険な毒きのこであるが、鑑賞するだけであれば非常に美しい。神秘的な姿をうまく再現したい。
柄はまっすぐに伸ばしてもいいし、ゆるやかな曲線をつけてもよい。

純白可憐な姿の正体は、最恐の……

25

ドクツルタケ

テングタケ科テングタケ属

夏から秋にかけ、針葉樹林、広葉樹林ともに発生する。基部には袋状のつぼをそなえており、柄の上部には布状のつばをつける。猛毒きのこで、１本食べれば、適切な処置を行わないかぎり、３日以内に死亡するほどの毒性を持っている。
毒きのこは数多くあるが、日本における最強の毒きのこは、このドクツルタケではないだろうか。純白で清楚な姿からは想像できない凶悪さは、まさに「殺しの天使」の異名にふさわしい。
私はこのきのこを、郊外にある公園の敷地内で見かけて、ぎょっとしたことがある。山奥にでも行かないと見つけられないようなイメージがあるが、身近にも普通に存在している。ぜひ注意をうながしたい。

memo

柄のささくれは、水で柔らかくした粘土をこすりつけるとうまく表現できる。つばは柄を成形して乾燥させた後に、薄く伸ばしたものをぐるりと貼り付ける。美しい外観をいかに再現できるかが製作のポイント。

毒があるのに なぜか憎めない

26

ベニテングタケ

テングタケ科テングタケ属

夏から秋にかけて、カバノキ類の樹下に発生する。基部はつぼ状でふくらんでおり、赤から橙黄色のカサにはつぼの片鱗を残す。有毒きのこだが、近縁のテングタケに比べ毒性は低い。

童話や絵本のモチーフとしても有名なきのこ。毒きのこではあるが、西洋では神秘的なきのことして、民俗学とも深いかかわりがある。

ところで、このきのこに含まれる毒成分（イボテン酸）は「最高の旨味成分」でもあるらしい。この性質を利用して、かつてはハエを誘引し、捕虫器として利用されたようだ。

memo

最大の特徴であるカサのイボは、カサ表面の塗装を終えた後、柔らかくした粘土をつまようじで貼り付けて再現する。柄のささくれは、粘土をヘラにのせてこそいでいく要領で塗りつけていくとよい。

きのこを探しに行こう

きのこ図鑑を見て、もしくは造形品を作ってきのこの世界に興味を持ったなら、今度は自然界に生える本物のきのこに会いに行こう。

きのこは、山や森に出向かなくとも、郊外や住宅地で簡単に見つけることができる。公園や散歩道の片隅など、地面を注意深く観察してみよう。

また、きのこは秋だけのものと思われがちだが、厳寒期を除けば1年中生えている。時期によって生えるきのこも違うので、季節ごとに確認しに行くのもおもしろいだろう。きのこが最も多くなるのは夏から秋の期間なので、この時期をねらえばたくさんのきのこと出会える。

持参する道具としては、撮影用のカメラ、採取用のピンセット、スコップ、ナイフなどを用意しておくと便利だ。持ち帰るときにはポリ袋なども使えるが、きのこの持ち運びには通気が確保できる袋のほうが適している。虫刺されや藪地でのけがを防ぐため、長袖を着用し、靴も泥などを気にせず歩けるものがよい。ただし、採取を禁じている場所もあるので、きのこを採る場合は事前に調べておこう。

観察する日は、雨が上がった直後がおすすめだ。きのこは適度に湿度が保たれた状態で発生するからである。

きのこを見つけたら、ぜひその姿をカメラに収めておこう。自然に生えている姿を発見したら、ヒダなど裏面も忘れず撮影しておく。きのこ同定の大きな手がかりにもなるし、造形する際の大切な素材にもなる。

また、きのこの周辺の樹木や落ち葉の様子もよく観察する。どの木の下に生えていたかがわかれば、同定の手助けとなる場合がある。もしかしたら、毎年その培地に生えているのかもしれない。全体的に見れば、きのこはマツの樹下、広葉樹下に多く、スギ、ヒノキなどの木には少ないようである。

きのこ観察を楽しむ上で、それを持ち帰り食べてみたいと思うのも人情だろう。きのこを味覚で楽しむというのも、きのこに対する関心への第一歩だ。

しかし、ぜひ注意してほしい。身近な環境であっても、猛毒きのこは平然と生えているものだ。図鑑などを参照し、慎重に採取してもらいたい。

大事なのは、同定に自信が持てないものは絶対に食べないこと。これを徹底すれば中毒事故を大幅に減らすことができる。また、勘に頼って食べたりするのも危険なので慎もう。

きのこを採取する上で守るべきなのは、自然に対する最低限のマナーだ。培地を荒らしたり、生えているきのこをまるごと取り尽くすような行為は、周辺の生態系のバランスを崩すことになりかねない。自然に最大限の敬意を払いながらきのこを採ろう。

地方の物産店を賑わせる秋の味覚

27

クリタケ

モエギタケ科ニガクリタケ属

秋、広葉樹の切り株、倒木などに多数束生する。カサはまんじゅう形からしだいに扁平になり、表面はオレンジから淡褐色をしている。はじめのうちは綿毛状の薄膜をかぶっており、湿時にはわずかに粘性がある。

比較的大株になり収穫量も多く、晩秋になってからでも採れるので、古くから秋の味覚として親しまれてきた。しかし広く流通するような性質のものではなく、もっぱら地産地消といったたぐいのきのこだ。現在でも地方の物産店、道の駅などで販売されているのを見かけることがある。ほんのりと苦味があり、きのこ本来の味を楽しむより、煮込み料理などの具として利用するほうが適している。

memo

束生するきのこなので、複数のきのこを製作しなければならない。このようなタイプのきのこは柄が細くなっているものが多いので、カサと柄が外れないようにしっかりと接着する。幼菌と成菌を別々に作っておけばそれらしく見える。

イガグリ頭と
綿毛状の柄がキュート

28

スギタケモドキ

モエギタケ科スギタケ属

夏から秋、広葉樹の切り株、枯幹などに発生する。表面は白色から淡いクリーム色で粘性を帯び、カサには栗褐色をした、とげ状の鱗片をつける。柄には綿くず状の鱗片があり、基部にはカサと同様の鱗片がある。
ユニークな容貌が目を引くきのこ。つぶつぶとした見た目は、まるで鬼の金棒かこんぺいとうのようにも見える。
食用になるというが、人によっては中毒する場合がある。またお酒との相性もよくないといい、食用としてはやや難ありの印象がある。
スギタケは本種をはじめ「ツチスギタケ」「ヌメリスギタケ」など亜種が非常に多い。ヌメリスギタケは食用として、近年栽培が試みられているというが、ほとんど知られていない。

memo

材木などを土台にして、何本かをまとめて飾りつける。とげ状の突起は、柔らかい紙粘土を少量、つまようじなどにつけ、点描のようにのせていく。柄の鱗片は紙粘土をちぎるなどしてやや毛羽立つように接着する。

「コンキタケ」、きのこ狩りではひと苦労

29

ナメコ

モエギタケ科スギタケ属

秋、広葉樹の切り株、倒木、枯幹に発生する。幼菌は半球状のカサを持ち色は茶褐色。著しい粘液に覆われるが、成長につれカサは扁平に開き、しだいに粘性も失われる。柄は黄褐色を帯び、ゼラチン質のつばをつける。

古くから日本人に愛されてきたきのこ。市場に流通しているものは小粒だが、栽培品でも採取せずに放任していると、非常に大きく育つ。特に原木栽培によるものが顕著で、おがくず栽培品のものより野生に近いきのこができる。

このきのこは「コンキタケ」という別名がある。なんでも、採取時、採取後のゴミ取りに手間がかかるからだそうだ。言い得て妙なネーミングである。

memo

採取にも根気がいるが、きのこ盆栽の製作も同様に根気がいる。まず数を作らないと様にならないので、とにかく形違いのものを複数拵える。ぬめりは塗装後に、工作用ニスや木工用ボンドを塗って再現するとよい。土台は原木の切れ端や流木などを使うと雰囲気が出る。

マツタケとは遠縁

30

memo

ヤナギマツタケは、幼菌は濃い栗褐色をしており、成菌ほど淡い色合いをしているようだ。培地はもっぱら樹木の腐朽部などが多いので、拾ってきた木片などを土台にすれば安く製作できる。つばはなるべく薄く引き伸ばし、柄から垂れ下がるような要領で作っていく。

ヤナギマツタケ

モエギタケ科フミヅキタケ属

初夏にかけて、カエデ、ニレなど広葉樹の朽ち木や生木に発生する。カサはやや扁平に開き、色は黄褐色から帯灰褐色。表面には浅いしわがある。ヒダにははじめ膜状の組織が貼り付いているが、成長につれてはがれ、柄の部分にマント状のつばとなって残る。

都市部でも忽然と姿をあらわすきのこ。私も一度公園にて、カエデの樹下に生えている本種を見つけたことがある。

近年では栽培品も出回っているともいうが、一度も売り場で目にしたことがないのはどういうことなのだろう。どんな味をしているのか気になるところだ。

湿度が高いと
ぬめり出す

31

アブラシメジ

フウセンタケ科フウセンタケ属

秋にブナ、コナラ、シラカバなどの広葉樹林内に発生する。カサははじめ円錐形をしているが、しだいに中高の扁平形になる。表面はしわ状の深い溝に覆われ、多量の粘液を帯びる。
名称からわかるとおり、油のようにぬらぬらとした粘液が特徴のきのこ。本種のようにぬめりがあるきのこは、和食との相性がよいためか、日本では食用として評価が高い。しかし、欧米ではこのぬめりが奇異なものに映るらしい。粘性を帯びるきのこはほとんど食用として扱われないようだ。

memo

ぬめりが特徴的なきのこなので、とろりとしたカサの表面をいかにうまく再現するかがポイントになる。一通り塗装を終えたあと、希釈した木工用ボンドや工作用ニスなどを塗布していくとツヤが出る。
ぬめりの層を厚くするには、エポキシ系の透明レジン樹脂を流し込むなどの方法がある。ハンドクラフト用品を扱う店で手軽に購入することができるので、試しに使ってみるのもよいだろう。

かわいい色の大型菌

32

オオツガタケ

フウセンタケ科フウセンタケ属

memo

製作手順はアブラシメジに準じる。ただし本種では表面にしわはあらわれないので、カサは滑らかに成形していく。

夏から秋にかけて、アカマツ、モミ、ツガなど針葉樹林内の地上に発生する。カサはまんじゅう形から扁平形となり、ふちは内側に巻く。色は橙褐色からきつね色で表面には粘性があり、ときにクモの巣状の繊維状組織を残す。柄の周囲は綿毛のような組織に覆われ、白色であるが古くなるとやや褐色になる。

フウセンタケ科のきのこは大きいものから小さいものまで幅広く存在するが、本種はその中では比較的大型になる。

重量感があり、色合いも美しいことから、きのこ狩りにおいて喜ばれるきのこのひとつ。ぬめりのあるきのこは日本料理とよく合うので、どのように調理するか悩むのも一興。

ただしこれらのきのこは収穫後、カゴの中でゴミだらけになってしまうことがあるので、丁寧に扱わなければならない。

幻覚を見せる
毒きのこ

33

オオワライタケ

フウセンタケ科チャツムタケ属

夏から秋にかけ、枯れ木や倒木に束生する。カサは半球形やまんじゅう形から扁平形になり、色は黄褐色から橙褐色で、表面には綿密な繊維紋がある。ヒダや柄はカサよりもやや色合いが淡く、上部にはつばをそなえる。大型になることが多く、柄の基部はときに大きくふくらむ。名称にあるとおり、神経系に作用し、食べると狂騒状態に陥る毒きのこ。致命的ではないが、悪寒、めまいを併発するともいい、十分警戒を要する。これとは別に「ワライタケ」があるが、糞上に生える上、貧弱な見た目で本種とは似ても似つかない。

memo

朽ち木などに生えるので、材木などを土台にする。ボリュームがあり、ときに大型になるので、どっしりとした形に成形していくほうが雰囲気も出る。
本種はレモン色の個体から橙色の個体まであり、調色に悩まされるが、図鑑などを参照して色を作っていくと微妙な違いがわかりやすい。

乾燥させてより美味しく

34

シイタケ

ツキヨタケ科シイタケ属

春と秋の二期、おもに広葉樹（クヌギ・コナラなど）の倒木、切り株などに発生する。カサははじめまんじゅう形からしだいに扁平形へと開き、しばしば表面に綿毛状の鱗片やヒビ割れが生じる。日本ではいわずと知れた食用きのこであり、栽培の容易さから広く市場に流通している。

日本料理には欠かせないきのこ。乾燥すると芳香が強くなる性質があり、生のものと乾燥品とではそれぞれ調理での生かし方が変わってくる。栽培品ではほだ木栽培とおがくず栽培があり、前者は野生のシイタケとそっくりなものが、後者は色合い、味とも淡白なきのこができる。

memo

市販品があるため、いつでも簡単に観察して作ることができる。カサの周囲には綿毛状の鱗片をつけることが多いので、塗装後に粘土パテをつまようじで貼り付けると雰囲気が出る。カサの表面は紙ヤスリで平坦にするより、やや凹凸を残しておくほうがシイタケらしい。

日本での中毒事例
第1位

35

ツキヨタケ

ツキヨタケ科ツキヨタケ属

夏から秋、ブナ、イタヤカエデなどの倒木、枯れ木に重なり合うように発生する。カサは半円形から腎臓形をしており、色は黄橙褐色から茶褐色だが、古くなるとやや紫褐色となる。ヒダは淡黄色から白色となり、暗い場所では蛍光色に発光する。柄は基部にわずかながら存在し、カサとの間につばのような隆起帯がある。

このきのこは日本において、最も中毒例の多いきのこである。実際に食べられそうな見た目をしている。さらに「ヒラタケ」「ムキタケ」など美味しいきのこにも似るため非常にまぎらわしい。

しかしツキヨタケには暗い場所で発光するという性質があるため、そこで見分けることができる。また、肉の基部に黒いシミがあるのもこのきのこの特徴だ。

memo

ほだ木などの自然木を用意して、そこに貼り付けるかたちで製作する。カサは耳たぶをイメージして作っていく。ヒダの裏面に蓄光塗料を塗布して、発光ギミックを仕込んでもおもしろい。

36 雪に負けない驚きの生命力

エノキタケ

タマバリタケ科エノキタケ属

晩秋から春、エノキ、カキ、コナラなどの広葉樹の切り株、枯れ木に束生する。カサの表面は黄褐色から茶褐色。表面は著しい粘性を帯びる。柄は黒褐色でやや硬質。栽培品は原木ではなく、もっぱらおがくずの瓶詰めによるものが一般的で、暗室で培養するため白色になる。一般に「えのきたけ」というと、もやしのように柔弱な姿を思い浮かべるが、天然のエノキタケは栽培品とは似ても似つかないたくましい姿をしている。ナメコのようなぬめりもあり、どんな料理にも利用できる。収穫量も比較的多い。
本種は雪がしんしんと降り積もる季節であっても生えていることがある。中には凍結したまま冬を越すものもあり、生命力の強さを窺わせる。

memo

柄の形状などに相違があるが、カサの色合いなどはナメコに似ている。束状にまとまって生えることが多いので、乾燥させる前にしっかりと、お互い重なり合うような形状を維持しておく必要がある。

お酒との相性は×

37

ホテイシメジ

ヌメリガサ科ホテイシメジ属

秋に、樹林内、特にカラマツ林内にて群生、または散生する。カサはほぼ扁平に開き、ろうと状となり柄へとつながる。表面は灰褐色をしており、ヒダは白色から淡クリーム色。柄は根元にかけややふくらみ、ときにらっきょう形となる。
まるでさかずきのような形のきのこ。非常に美味しいそうだ。
しかしこのきのこには、酒と一緒に食べると中毒するという特異な性質があるので注意が必要だ。同時に食べなくても、このきのこを食した前後1日ほどは酒を飲むと中毒する。
他にこのような性質を持つものに、ヒトヨタケなどがある。食べる前に、図鑑でよくチェックしよう。

memo

形こそ変わっているが、製作は特に難しくない。カサと柄は別々に製作し、お互い接着した後に、パテの要領で接続部に紙粘土を塗っていく。その部分にヒダ状の切れ込みを入れていけば、まるで一体成形したようにつなぎ目を消すことができる。

荒々しい見た目、ボリューム満点のきのこ

38

memo

地中深くから地面に顔を出す姿をうまく再現したい。塗装は丁寧に塗るよりも、少々荒っぽく塗ったほうが野趣の相が出てくる。

オオモミタケ

オオモミタケ科モミタケ属

初秋、トドマツやウラジロモミなどの林内に発生する。カサは径10〜30cmほどになり、表面の色は汚黄褐色から暗褐色をしている。柄の上部は太いが、下部にすすむにつれ根のように細くなり、地中深くまで到達する。大きなつばをそなえ、幼菌はこのつばをやぶるかたちで成長する。かなり大型になり、収穫した際の充実感もあることから、きのこ狩りでは非常に喜ばれるきのこだ。発生量も少なく、見つけづらいことも手伝っているのだろう。オオモミタケの味について、ある本では「非常に美味」とある一方、別の本では「マツタケに似るが味は到底及ばない」と書かれており、評価がまちまちなのが気になるところだ。一度食べてみたいと思っているが、未だ本物に出会ったことがない。

驚きの巨大きのこ

39

マツオウジ

キカイガラタケ科マツオウジ属

初夏から秋にかけて、針葉樹林の切り株や、倒木、材木などに発生する。カサは白色から淡黄色で、褐色から淡黄土色の鱗片をつける。柄は太く、ささくれが著しい。質は強靭で、しばしば大型に成長する。

ボリューム満点のきのこで、非常に美味しそうな見た目をしている。しかし図鑑によれば、わずかに松やにのような匂いがあり、人によっては中毒するのだという。きのこの世界にはときどき「人によっては中毒する」という性格を持ったもの（サマツモドキ・チチアワタケなど）がある。胃腸に自信がない人は、これらのきのこは控えたほうがよさそうだ。

memo

コンパクトにまとめるよりも、むしろ大げさなくらいに成形したほうがマツオウジらしい。切り株などに生えるので、土台に自然木や流木を使ってもよい。もし適当なものがないのであれば、紙粘土で擬木を作って再現する。

きのこの下には
オレンジ色のカーペット

40

コキララタケ

ナヨタケ科キララタケ属

夏から秋、広葉樹の切り株や倒木上などに発生する。カサは黄褐色で表面は細かい鱗片に覆われる。基部もしくはその周辺に、しばしばオゾニウムという茶褐色の菌糸塊を広げる。
ヒトヨタケをはじめとしたナヨタケ科のきのこは、人家や鉢植えなど、日常的でありふれた環境に発生することが多い。本種も公園などで普通に見ることができる。
本種の近縁に「キララタケ」(雲母茸)があるが、本種のほうがカサ、柄ともしっかりしている。キララタケは老成すると液状化するなど、ヒトヨタケと似ている。
本種およびキララタケは食用になるが、ナヨタケ科のきのこは足が早いこともあり、どうも食指が動かない。

memo

絨毯のように敷きつめられた菌糸が特徴のきのこ。この菌糸塊は、濡れた紙粘土を毛羽立たせたり、紙などの繊維をもみほぐして貼り付けたりして再現する。表面の鱗片はクラフト用パウダーなどを塗布していく方法などがある。

森に開く
鮮黄色の花

41

タモギタケ

ヒラタケ科ヒラタケ属

初夏から秋にかけて、ニレ、カエデなどの倒木、切り株などに発生する。カサは扁平からじょうご形に開き、中心部はへそのようにくぼむ。表面の色は鮮黄色から淡黄色で、柄は白色から黄色。柄の基部において複数分岐し、ときに大きな株となる。
鮮烈な黄色が美しいきのこ。優秀な食用品で、現在では人工栽培なども行われているようだ。
市販されているのならばぜひ食べてみたいものだが、全国的に流通しているものではないらしく、私の行動範囲ではこのきのこが販売されているところを一度も見たことがない。

memo

大小サイズの違うきのこを複数製作しておき、乾燥後ひとまとめに接着して粘土で接合することにより、株立ちのように仕立てることができる。土台は自然木を使ってもよいし、擬木を製作してもよい。

優しい色は
和菓子のよう

42

カワリハツ

ベニタケ科ベニタケ属

夏から秋、広葉樹林内（特にブナ・カバノキなど）地上に発生する。カサの形状はまんじゅう形からしだいにじょうご形と、他のベニタケ科きのこに準じるが、カサの色は個体ごとの変異が著しい。表面は湿時にやや粘性があり、ヒダはやや密。肉は白色であるが変色性はない。
本種ほど色合いに個体差があるきのこも珍しい。カサの色は、紫色型、ピンクから薄紅色型、うぐいす色型と多岐にわたる。ときには隣り合って生えていても色合いが異なる場合がある。
ベニタケ科のきのこは肉質がもろく、とかく調理の方法で悩まされる。ボソボソした食感は柄の部分に顕著なので、いっそ切り離して調理したほうがよいのかもしれない。

memo

「変わり初」の名のとおり、多様な色合いを楽しめるので、どの色で製作するか選ぶのも楽しい。ベニタケ科のきのこは、つばもささくれもなく、大体形状が共通しているので、一度作り方を覚えてしまえば簡単に量産できる。

「乳茸」、
乳を出すきのこ

43

チチタケ

ベニタケ科チチタケ属

夏から秋、広葉樹林内の地上に発生する。名称は傷がつくと白い乳液を出すことから。カサはまんじゅう形からしだいに中央のくぼんだじょうご形となり、色はオレンジ褐色から暗褐色をしている。ヒダは傷つくと褐色のシミになる。

きのこの中には、限定された地域においてのみ珍重されるきのこというのがある。このチチタケは、おもに栃木県で熱狂的な支持を集めるきのこだ。物産店で「ちたけ」と書かれた乾燥品のお土産を目にしたことのある人も多いのではないだろうか。

しかし、ベニタケの仲間は足が早いので、販売されているのは乾燥品や保存処理されたものがほとんどである。ぜひ採れたてのチチタケも味わってみたい。

memo

カサの中央からふちにかけて、色合いがしだいに変化していくように塗装していくとリアルになる。水玉状のものを貼り付けて、乳液を出している様子を再現してもよい。表面はオレンジ寄りの茶褐色で塗装する。

赤い輪を描いて生える

44

ドクベニタケ

ベニタケ科ベニタケ属

memo

ベニタケ科のきのこは、カサの中央をくぼませ、ふちを反らせるとそれらしく見える。塗装はベタ塗りよりも、強弱をつけて退色具合を表現するとよい。

夏から秋にかけて、広葉樹林・針葉樹林内に発生する。カサは半球形からまんじゅう形、しだいに反りかえるように成長し、鮮やかな紅色をしているが、雨に濡れると退色する。全体の肉はもろく、かじると強い辛味がある。散発的に発生するが、ときにドーナツ状の菌輪を描く。

鮮やかな紅色と、ぽってりとした白色の足が美しいきのこ。名称は毒々しいものだが、生食しなければ実際恐れるほどの毒ではないらしい。仮に口に入れたとしても、非常に辛くて食べられたものではないので、誤食の心配はなさそうだ。

ベニタケ科のきのこは種の同定が難しいものが多い。本種のような「赤い色をしたベニタケ」というものだけで、いくつか出てくる。見かける頻度が多いだけに、毎度頭を悩ませてしまう。

長い食用の歴史あり

45

ハツタケ

ベニタケ科チチタケ属

夏から秋、アカマツ、クロマツ林内に発生する。カサは黄褐色から淡赤褐色で、年輪のようなうず模様を帯びる。はじめ中央がくぼんだまんじゅう形だが、しだいに扁平に開き、最終的にはろうと状に開く。ヒダはピンクから黄褐色。傷がつくと、暗赤色の乳液を出したのち、青インクで染めたようなシミに変わる。変色性は全体に及ぶ。

ベニタケ科のきのこの中で、一等人気の高いきのこ。ベニタケの仲間は肉に弾力がなく、ボソボソしていて口当たりがよくないのだが、これはきのこ特有の美味しいだしが出る。本種に似た毒きのこがないこともあり、古くから食用にされてきたという。

memo

淡い色合いのきのこだが、カサの表面にはかすかに模様があるので、濃淡の強弱をつけて着色する。

単一の色合いで完成させてもよいが、各所に青いシミを入れてもおもしろい。薄く希釈した青色をヒダや柄に染み込ませていくと、自然の生態らしい姿になる。

漢方薬「霊芝《れいし》」でおなじみ

46

マンネンタケ

タマチョレイタケ科マンネンタケ属

夏から秋にかけ、広葉樹の切り株やその根元などに発生する。カサは腎臓形もしくは半円形で、表面は赤褐色から茶褐色、裏面はコルク質の管孔で白色からクリーム色をしている。カサ、柄ともニス状の光沢をあらわし、肉は強靭。
漢方薬で「霊芝」として扱われるのは本菌のことである。珍しい見た目をしているが、比較的よく見かけ、公園などでも普通に生えている。
野生のマンネンタケを見ると、その光沢と作り物のような形と色に驚かされる。サルノコシカケ同様、硬く締まった肉質なので、古くなっても敷地内によく残っている。

memo

普通のきのことは違い、枯れた雰囲気があるので、きのこ盆栽の素材としてはおもしろいものが作れる。色合いは個体差があるが、レッドブラウンやマホガニー、オレンジなどの色でまとめるとそれらしく見える。表面はツヤが著しいので、ニスや水で希釈した木工用ボンドを塗布して再現する。

コウタケ

マツバハリタケ科コウタケ属

秋に、マツなどが混生する広葉樹林に群生する。カサはじょうご形に開き、表面はイボ状の大きなささくれに覆われている。色は淡い茶褐色をしているが、古くなるにつれ濃くなる。ヒダは針状の綿密な組織で構成されている。本種は日本特産であるが、近縁の「シシタケ」は欧米でも知られている。
その表面の激しい隆起から、ドリアンを思わせるようなきのこ。ドリアンは臭気がきついが、本種には芳香があり、乾燥させることによりさらに引き立つ。コウタケを入れた炊き込みご飯などは味覚、香りともに最上という。ぜひ味わってみたいものだ。

芳香を放つ イボイボのカサ

47

memo

本種を再現するには、特徴的なイボを作らなくてはならず、やや面倒だ。
まずカサを含めた本体を成形乾燥させておき、その上からイボを接着していく。そのとき、カサの中心のイボは大きく、外側は小さく綿密に配置しておくとよい。

鮮やかな朱色のコップ

48

ウスタケ

ラッパタケ科ウスタケ属

夏から秋、針葉樹下の地上に発生する。カサはじょうご形、ラッパ形をしており、色は黄、オレンジ、鮮赤色など個体差がある。ヒダはしわ状で、柄はやや赤みを帯びる。タンブラーのような見た目が印象的なきのこ。雨上がりなど、実際カサに水を溜めているのがおかしい。鮮烈な色彩で、小さくてもよく目立つ。
このきのこ、昔の図鑑では「食」となっていた。現在は堂々と「毒」に編入されているが、図鑑には「煮こぼせば食べられる」という記述がある。しかし、ちょっと食べてみようという気にはなれない。
ちなみに本種の近縁に「フジウスタケ」があるが、こちらも有毒だ。発生場所はウスタケに準じている。

memo

非常に単純な形状をしているので、作るのは非常に簡単だ。裏面のヒダは綿密に作り込むよりも、少々粗めに型をつけるほうがいい。
色は個体差があるので、黄からオレンジなど好みの色を。やや斑状に塗装するとリアルになる。

築地書館ニュース ｜自然科学と環境

TSUKIJI-SHOKAN News Letter

〒104-0045　東京都中央区築地 7-4-4-201　TEL 03-3542-3731　FAX 03-3541-5799
ホームページ http://www.tsukiji-shokan.co.jp/
◎ご注文は、お近くの書店または直接上記宛先まで（発送料 200 円）

古紙 100 %再生紙、大豆インキ使用

《ネイチャー・ノンフィクション》

排泄物と文明　フンコロガシから有機農業、香水の発明、パンデミックまで

D. ウォルトナー＝トーブズ［著］片岡夏実［訳］
2200 円＋税
「うんち」と「科学」の語源は同じ！
下肥と現代農業、大規模畜産とパンデミック、現代トイレ事情まで、あらゆる排泄物を知りつくした獣医・疫学者が語る。

ミクロの森　1㎡の原生林が語る生命・進化・地球

D.G. ハスケル［著］三木直子［訳］
2800 円＋税
様々な生き物たちが織り成す小さな自然から見えてくる遺伝、進化、生態系、地球、そして森の真実。原生林の1㎡の地面から、深遠なる自然へと誘なう。

斧・熊・ロッキー山脈

森で働き、森に暮らす
C. バイル［著］三木直子［訳］2400 円＋税
連邦国立公園局登山道整備隊のリーダーとして、厳しく激しい肉体労働の中で、自然と人間との関わり方を問い続けた女

人体探求の歴史

笹山雄一［著］　◎2刷　2400 円＋税
昔の人たちは自分たちの体をどのように捉え、名前を付けていたのか。現代にまで続く人体探求の歴史から、iPS 細胞が開く難病治療の道など、人体の進化と最

《大好評、先生！シリーズ》

先生、ワラジムシが取っ組みあいのケンカをしています！

黒ヤギ・ゴマはビール箱を被って草を食べ、コバヤシ教授はツバメに襲われ全力疾走！
自然豊かな大学を舞台に起こる動物と人間をめぐる事件を人間動物行動学の視点で描く。

先生、大型野獣がキャンパスに侵入しました！

先生、モモンガの風呂に入ってください！

先生、キジがヤギに縄張り宣言しています！

先生、カエルが脱皮してその皮を食べています！

先生、子リスたちがイタチを攻撃しています！

先生、シマリスがヘビの頭をかじっています！

先生、巨大コウモリが廊下を飛んでいます！

小林朋道［著］　各 1600 円＋税

《古生物の本》

《環境の本》

雑草社会がつくる日本らしい自然

根本正之［著］　2000 円＋税
雑草の生活様式、拡大戦略、再生のメカニズムや雑草社会の仕組みを解き明かす。
「日本らしい自然」再生プロジェクトを紹介。

富士山噴火の歴史

万葉集から現代まで

都司嘉宣［著］　2400 円＋税
火山である富士山はいつから今の姿になったのか。在りし日の富士山を追う。

草地と日本人

日本列島草原 1 万年の旅

須賀丈＋岡本透＋丑丸敦史［著］　2000 円＋税
半自然草地・草原の生態を、絵画、考古学などの最新知見を通して明らかにする。

原発をやめる 100 の理由

エコ電力で起業したドイツ・シェーナウ村と私たち

「原発をやめる 100 の理由」日本版制作委員会［著］
西尾 漠［監修］　◎3刷　1200 円＋税
原子力のない未来に向かう希望の本。

地面に生える
蟹ばさみ

49

カニノツメ

アカカゴタケ科カニノツメ属

秋、有機質に富んだ土壌などに発生する。幼菌は卵状で白色。成熟すると二股に分岐した腕を伸ばす。柄は上部になるにつれて細くなり、頂部は弓なりに湾曲する。頂部のくぼみにはグレバという暗緑色の粘液をつけ悪臭を放つ。
スッポンタケのような形をしたきのこにはいまいち縁のない私であるが、このきのこに限っては群生している姿を見たことがある。人の通行で踏み固められた黒土層に堂々と生えていた。鮮やかな赤色だったが、あまりに小型のためか、それを気に留めて見る人は皆無だった。
グレバという特殊な組織を作るきのこは、どれも形がユニークだ。本種の近縁にはイカを逆さまにして地面に突き刺したような「イカタケ」なるものも存在する。

memo

中間をやや細めにした棒状のものを作り、折り曲げて成形するか、先の細い棒を2本作り、頂部を接合する方法がある。表面はやや凸凹にしておく。

仏具が由来の「三鈷茸」

50

サンコタケ

アカカゴタケ科サンコタケ属

梅雨から秋にかけ、竹林、林地、庭園などに発生する。はじめ卵状の白色球形を地上部にあらわし、成長にしたがい殻をやぶるかたちで腕を伸ばす。柄は中間にて三股に分岐し、それぞれがアーチ状を形成したのち、頂部にて再び接合する。アーチ内部にはグレバという粘液をつけ、悪臭を放つ。

「サンコタケ」とは非常に変わった名称だ。なぜこんな奇異な名称が付けられたのかというと、なんでもその形状が仏具の三《さん》鈷《こ》に似ているからなのだそうだ。

もし自分が新種のきのこを発見し、名称を付けることができたとして、これだけユニークな名前が果たして思い浮かぶだろうか。きのこは生態だけでなく、名前も奥深いものだと改めて感心させられる。

memo

製作はそれほど難しくないが、特殊なアーチ状の柄を壊さずに成形しなくてはならない。成形後もアーチが崩れないように乾燥させるよう注意する。

種をはじき飛ばす
奇妙な生態

51

コチャダイゴケ

ハラタケ科コチャダイゴケ属

夏から秋にかけて、朽ち木や枯れ枝などに発生する。径4～7mm、高さ5～10mm程度の非常に小柄なきのこ。形は茶碗形をしており、碗の内部にはペリジオールという、胞子が詰まった碁石状の粒をたくわえる。これをはじき飛ばすことによって、周囲に胞子を拡散させる。
カサと柄で構成されるものだけがきのこではない。自然界にはコチャダイゴケのようなユニークな生態を持つきのこも存在する。
この種に近縁の「ハタケチャダイゴケ」を一度発見したことがあるが、本当にコップの中に粒が入っていた。粒はまるで植物の種子のよう。菌類の世界はときに複雑怪奇だ。

memo

あまりに小型で、日常に存在していたとしても見落としてしまいがちなきのこ。粘土でなら、このような極小サイズのものでも、スケールを変更して巨大化させたりすることもできる。土台は盆栽鉢ではなく、自然石を使用してみた。

吹き出る
胞子の煙

52

ホコリタケ

(キツネノチャブクロ)

ハラタケ科ホコリタケ属

梅雨から秋にかけて、畑、庭地や草原、林内地上に発生する。頂部周辺には粒状のとげをあらわし、側面や下部は粉状組織に覆われる。肉ははじめ白色であるが、老成につれ黄熟し、しまいには粉状になり胞子を拡散させる。
日常でも非常によく見かけるきのこ。畑などの肥沃な土壌によく生えている。
私は以前、本種の大群生を公園にて発見したことがある。本体は3〜4cmにも満たない菌ではあるが、50個にもなろうかという群生は、歩兵の大軍勢のような趣があった。
本種は白色の若いものだけ食用にすることができる。味は無味無臭。しかしハンペンのような舌ざわりがあり、不思議な食感を楽しむことができる。

memo

非常に単純な形状をしているので、製作は難しくない。表面の粒は塗装で済ませてしまっても構わないが、ジオラマ用のカラーパウダーなどを使って丹念に貼り付けていく方法もある。

悪臭で
ハエを呼ぶ

53

キツネノタイマツ

スッポンタケ科スッポンタケ属

梅雨から秋にかけて、庭園や竹林、林地に発生する。幼菌は白色の卵形で、成熟すると殻をやぶり、やや赤色を帯びた細長い柄を伸ばす。頂部には粘液化したグレバをつけ、悪臭を放つ。

きのこには動物を元にした名称のものが多い。本種をはじめとして、その他にサルノコシカケ（猿の腰掛け）、タヌキノチャブクロ（狸の茶袋）、コイヌノエフデ（子犬の絵筆）などがある。ちょっと民俗学的でもあり、小動物が忘れていった小道具という意味合いもあっておかしい。

動物以外の名称ではテングノメシガイ（天狗の飯匙）、コウボウフデ（弘法筆）など。植物の名称にも言い得て妙の素晴らしい名称があるが、きのこもユーモアたっぷりの名前にあふれている。

memo

ほんのりとした赤色が特徴のきのこ。水彩などで薄く赤色を塗布していくとよい。頂部のグレバは暗緑色なので、カーキもしくは濃いモスグリーンなどの色を塗り、表面に光沢を出していく。

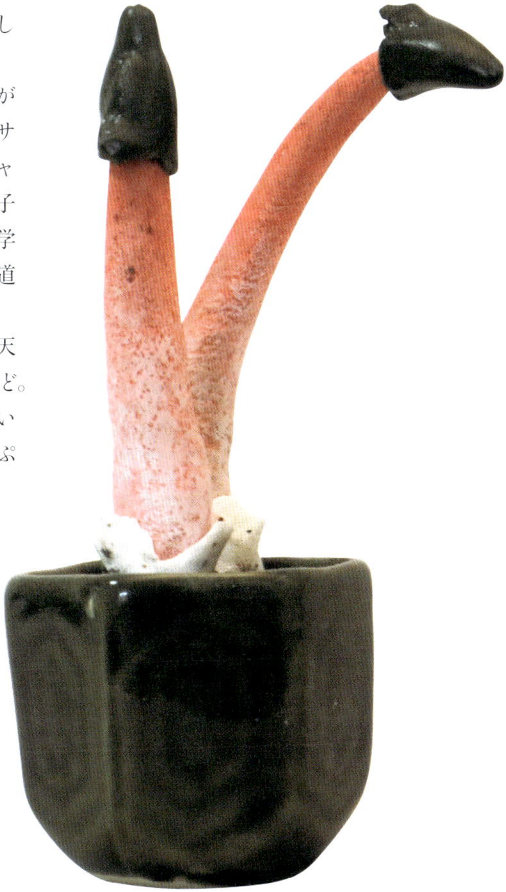

「きのこの女王」の
はかない美

54

キヌガサタケ

スッポンタケ科キヌガサタケ属

梅雨と秋の二期、竹林に散生、群生する。はじめ卵状のものを地表にあらわし、殻をやぶるようなかたちで白色の柄と網目状のマントを広げる。伸長をはじめてから半日ほどで崩壊してしまう。
珍味として扱われる食用きのこ。その唯一無二の姿から「きのこの女王」という異名を持つ。短期間で姿を消してしまうので、殊更希少性は高い。
中華料理のメニューで「きぬがさたけ」の名前を見たことがある人も多いだろう。非常におめでたい雰囲気のあるきのこだ。

memo

数あるきのこの中でも、非常に製作が難渋な部類である。なんといっても鬼門は純白のマントだ。
まず円形状に薄く粘土を伸ばし、不均等な穴を四方八方に開けていく。網目になるほどの穴を、表面が乾燥する前に開けなくてはならない。穴を開けた後、つまようじなどで穴を拡げていくと、大きさの異なる網目状組織を再現することができる。
網目状のマントは非常に脆いので、完全に乾燥・硬化するのを待ってから柄との接着を行う。

竹林に生える
カサなしきのこ

55

スッポンタケ

スッポンタケ科スッポンタケ属

梅雨と秋の2度、竹林や庭園などに発生する。卵状の組織を地表に出し、熟すると殻をやぶりカサと柄を伸ばす。頂部の網目状組織にはグレバという菌組織を作り、強い悪臭を放つ。この臭いでハエなどを誘引し、菌を運搬させている。名称は首を伸ばしたスッポンに似ていることに由来。

姿かたちから、「キヌガサタケのマントなし」ともいえるようなきのこ。学名は *Phallus impudicus*、「恥知らずの男根」である。あまりにもひどいネーミングだ。温泉や秋の味覚に触れることで、人間はあたかも「自然と調和している」かのような錯覚に陥るが、実際に自然は人間のことなどお構いなしだ。自然界は人の目からしたら恥ずかしいような造形を、平気で提出してきたりするものなのである。

memo

キヌガサタケのようにマントを作る必要がない。柄はややしわ状になっているので、つまようじなどでこすって起伏をつけていくとよい。

西欧では大人気
日本人に不人気

56

アミガサタケ

アミガサタケ科アミガサタケ属

春に林地や草原などに単生、群生する。頭部は卵形か円錐形をしており、蜂の巣のような網目状の管孔に覆われる。柄は白色で中空。頭部と柄の組織は分離しているように見えるが、内部は一体となり連続している。

欧州では「モリーユ」という名称で親しまれており、乾燥品から缶詰まで、多く流通している。需要の高さから人工栽培まで試みられているほどである（未だ安定的な生産にはつながっていないようだが）。

一方日本では、食用としての利用は皆無に等しい。特異なルックスのため、食用どころか、忌避されるような悲しい存在である。流通するには至らないにしても、もう少し国内での価値が認められてもよいのではないだろうか。

memo

頭部は、円錐状の塊を作った後、ペンの尻などでまばらに孔を開けて乾燥させる。乾燥後は、細かい孔を工作用の彫刻刀・ノミなどで彫り込んでいき、目の詰まった網目状の管孔を作っていく。スッポンタケ頭部と作り方が似ているので、「スッポンタケの作り方」（82ページ）を参照されたい。

遊んでみよう、きのこ盆栽

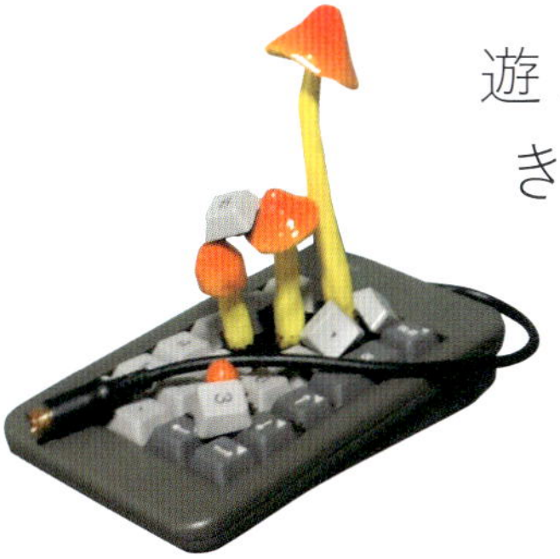

57 インテリアランプ？見た目が美しい

アカヤマタケ

ヌメリガサ科アカヤマタケ属

秋、雑木林や草地に発生。カサは円錐形で橙黄から赤色。湿時には粘性がある。同科は鮮緑色や黄色など美しいものが多い。

透明感があるので、クラフト用樹脂粘土なども使える。塗装後にボンドなどでツヤを出すのもよい。

58 変わった名前はお寺の名前から

ショウゲンジ

フウセンタケ科フウセンタケ属

秋、アカマツなどの針葉樹林や広葉樹林に発生。カサはまんじゅう形から扁平形。名前の由来は正源寺(性賢寺)の僧が初めて食べたことから。

表面に細かいしわがあるので、つまようじなどを使って不規則に溝を入れていく。

59 傷口から流れるのは血液？

チシオタケ

ラッシタケ科クヌギタケ属

夏から秋、広葉樹の朽ち木などに束生・群生。柄は細長く、色はカサより濃い。若いものは傷をつけると血液のような赤い液を出す。

製作の際、血液状の液体は、着色した木工用ボンドなどを用いる。柄は芯として針金を仕込む。

60 ジャキジャキした食感が楽しい

ナラタケ

タマバリタケ科ナラタケ属

春から秋、切り株や樹木の根元に束生・群生する。カサは淡黄褐色で、柄につばを残す。「ボリボリ」「モダシ」の愛称で各地で親しまれている。

株になって束生するので作るのは大変な部類。自然ではありえないが、空き缶を土台にした。

菌類が支えている自然界

日本人はきのこが好きな民族だ。シメジやエノキタケから、シイタケ、ナメコまで、スーパーへ行けば多くのきのこと出会うことができる。

しかし、それ以外の、野生に生えるきのこ・カビに関してはどうだろう。おそらく多くの人が「気持ち悪い」と敬遠しているのではないだろうか。地方ではある程度親しみをもって受け入れられているものの、都会や郊外においては、嫌悪感を持たれることのほうが多いように感じられる。これは菌類の生態がはっきりとわからず、得体の知れないものと思われているからだろう。

しかしだからといって菌類の生態から目を背けるのは、非常にもったいないことだ。

彼らによってもたらされる恩恵の数々を聞けば、私たちは菌類の世界について、もっと深く知りたいと思うだろう。

菌類は生態系において、動植物などの遺骸を分解し、土に還す「分解者」、いわば掃除屋としての役割がある。このような活動をするものは、他に細菌、バクテリアなどが存在している。森林などの自然環境は、菌類を含めたこれら微生物のはたらきによって保たれているのである。もし彼らがいなければ、糞や死骸、落ち葉は溜まる一方になり、不衛生かつ混沌とした状況になっていたに違いない。

菌類において、特に注目すべきは、倒木、朽ち木、枝などの樹木を分解する能力だ。

細菌やバクテリアなどの微生物は、有機物を分解して生活しているが、木材の分解は得意ではない。それは、木材にリグニン、セルロースなど難分解性成分が多く、分解に必要な窒素成分が乏しいためである。しかし、菌類は他の微生物が膨大な時間を使って分解するこれらの成分を、あっというまに分解、還元してしまう。この分解能力による恩恵は計り知れず、自然界で菌類が必要とされる大きな要因となっている。

落ち葉や遺骸などの有機物を分解して無機化し、再び栄養素に変えてくれるのだから、菌類は植物にとっても欠かせない存在である。菌とのかかわり合いで特に顕著なのがマツ、マメ科の植物だ。これらの植物は、菌との共生関係を結び、栄養素を菌に供給してもらうことによって、貧栄養の荒地にも進出できるような能力を手にすることができた。ランの外生菌による共生関係も有名で、中には栄養素の供給を完全に菌に頼っている種まで存在している。菌は分解者であるだけでなく、植物との重要な橋渡しも行っているのだ。

我々は「土に還る」という現象や、植物が生育する過程を、当たり前のことと思いすぎている。しかしこれらの現象は、すべて菌類の活動があってこそ成し得ることなのである。外見にとらわれず、彼らの本質を知れば、より菌類に親しみが持てるのではないだろうか。

きのこ盆栽、材料と作り方

用意するもの

絵の具と塗料の種類

塗装の方法

きのこ盆栽の作り方

- ハツタケ——カサの模様とヒダ
- ベニテングタケ——イボとささくれ
- ナラタケ——株の作り方
- ハナイグチ——ぬめるきのこ
- スッポンタケ——蜂の巣状の頭

きのこ盆栽のかたち

用意するもの

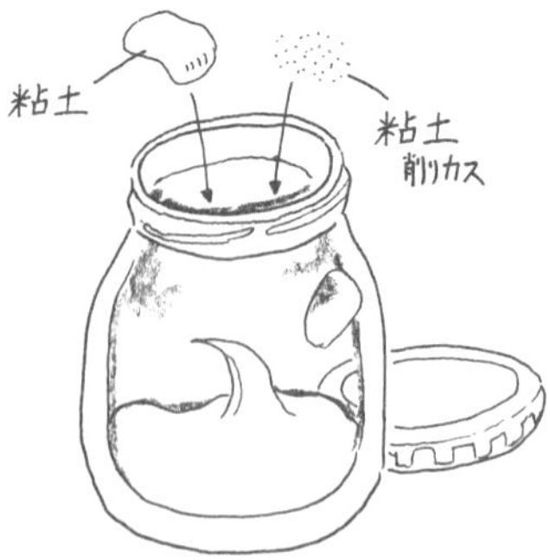

紙粘土・石粉粘土

クラフト用品店などで購入することができる。どちらも比較的切削性がよく、塗料ののりもよいので使いやすい。紙粘土は軽量だが石粉粘土は乾燥後も重量がある。価格は商品によってまちまちだが、安価なものは成形がしにくかったり、切削時に毛羽立ったりするので注意。

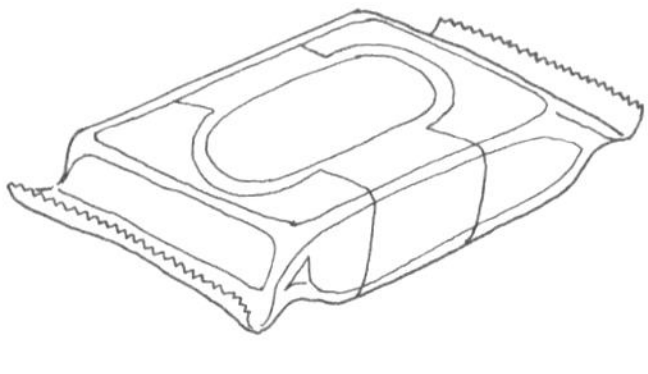

水で柔らかくした紙粘土・石粉粘土（粘土パテ）

成形用の粘土とは別に用意する。切削時などに出た削りカスや少量の粘土を水で溶いてペースト状にしたもので、表面のキズや隙間、へこみを埋める際のパテとして使用する。蓋のついたビンなどに入れて保管すれば、常に同じ状態で使うことができる。

デザインナイフ

クラフト用などに用いられるナイフ。新品の刃ではすぐ錆びてしまいもったいないので、使い古しの替刃でよい。

絵筆

成形した立体の形状、面積によって筆を使い分ける。

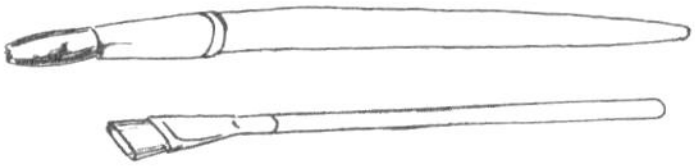

ピンバイス

固定用針金を仕込むときに使用する。

紙やすり

目の細かいもの、粗いものをそれぞれ用意する。

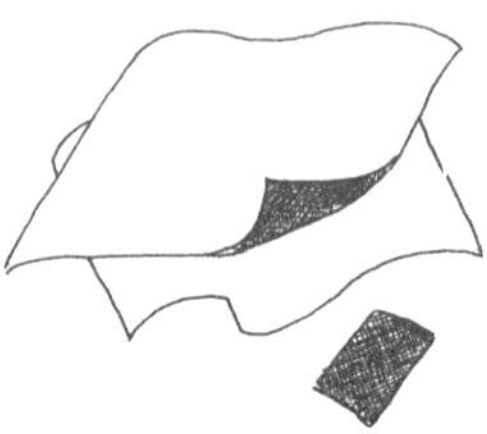

塗料・絵の具

絵の具や模型用塗料など、手に入るもので構わない。

木工用ボンド

各パーツの接着、仕上げのツヤ出しなどに使用する。

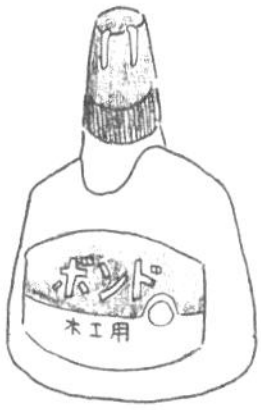

植木鉢・盆栽鉢

小さな植木鉢が手に入らない場合は、使い古しの食器などを使用してもよい。

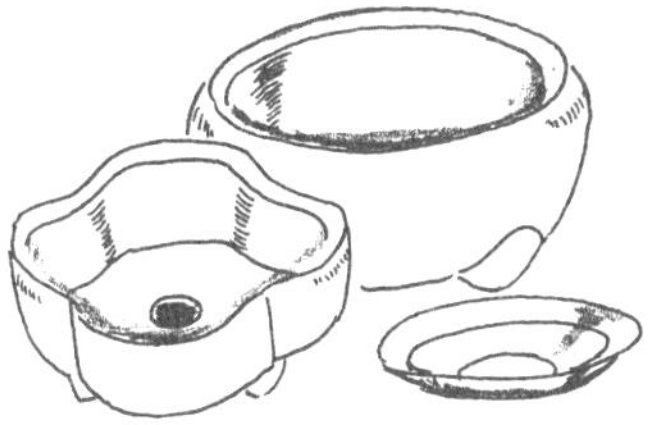

ジオラマ用カラーパウダー・乾燥コケ

乾燥させたコーヒーの出がらしを使ってもよい。

きのこ図鑑、撮影したきのこの写真

ヒダなどの細かいディテールや個体ごとの色合いなどを確認するときに便利。

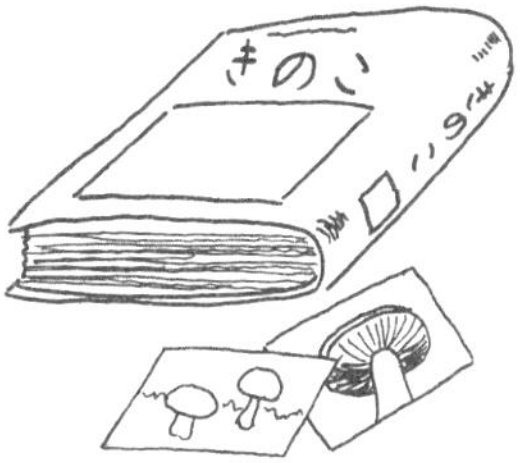

マスキングテープ・針金

マスキングテープはパーツの接着時の仮止めに、針金はパーツ固定用の芯として使用する。

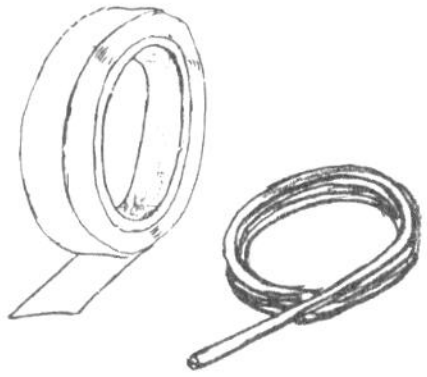

つまようじ・竹串

細かい凹凸や小さな穴を開ける場合に使用する。

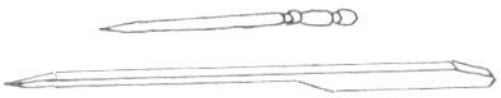

発泡スチロール

土台の下地として使用する。

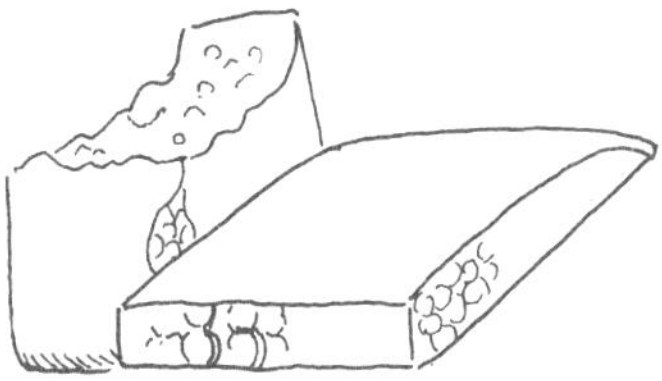

絵の具と塗料の種類

水彩絵の具・ポスターカラー

文房具店などで手軽に購入することができる。水彩絵の具は下地の隠蔽力が弱く、ポスターカラーは隠蔽力が強い。どちらも耐水性はないので、塗装後に水で濡らさないよう注意する。また、水で溶いて使用するので、塗装時に重ね塗りすると、表面の粘土が溶け、細かいディテールが潰れてしまうことがあるので注意。

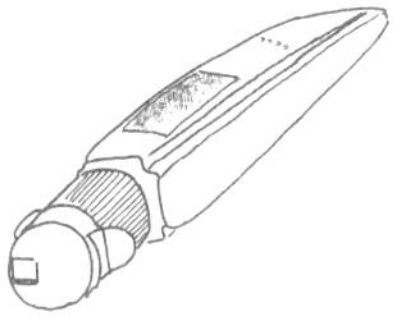

アクリル絵の具・アクリルガッシュ

水彩絵の具同様、水で溶いて使用する。乾燥後に耐水性が出るのが特徴。アクリル絵の具は乾燥後半光沢になり、アクリルガッシュはツヤ消しぎみになる。乾燥後は硬化するので、使用した筆などはしっかり洗っておく。

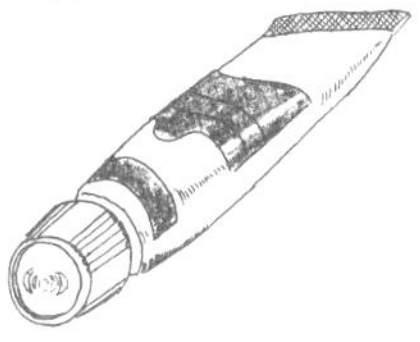

プラモデル用塗料

シンナーなどの薄め液で希釈する塗料。アクリル系、ラッカー系、エナメル系とあるが、きのこ盆栽の塗装にはおもにアクリル系、ラッカー系を使用する。比較的乾燥が早く、塗料の伸びがよいのが特徴。独特の臭いがあり、長時間吸うと健康によくないので、塗装時には換気に気をつける。

防水材・工作用ニス

塗装面の保護や、塗装後の質感を変えたいときに使用する。防水材にはツヤありタイプ、ツヤ消しタイプがある。防水材の場合、表面のツヤが変わってしまうことがあるので、直接使用する前に、目立たないところで試し塗りをするとよい。

透明レジン樹脂

ナメコなど、表面にぬめりがあるきのこに使用する。透明感にすぐれ、主剤と硬化剤を適量混ぜると硬化する特徴を持っている。混ぜる分量が適切でないと、硬化不良を起こすので、調合時には計量器を使用する。

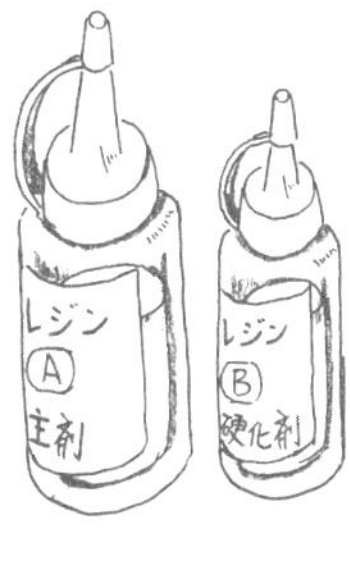

塗装の方法

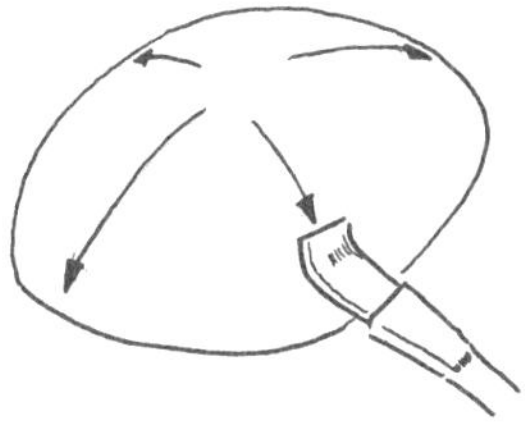

基本の塗り方

筆で塗装する場合、一度に濃い色をのせるのではなく、薄めた色を何度も重ねて塗っていく。そのとき、筆は一方向へ進むように塗り、返し筆などをしないようにする。

ドライブラシ塗装

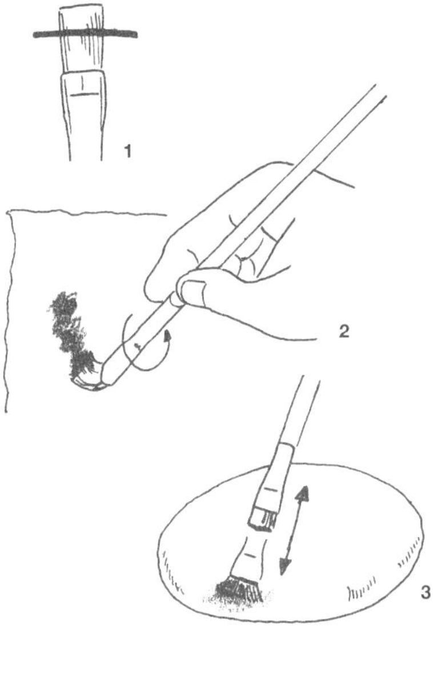

模型でよく用いられるぼかし塗装の方法。
1 古くなった絵筆を半分程度切りつめる
2 色材を筆にのせ、新聞紙などにこすりつけて筆先の塗料を落とす
3 筆先が乾き、色材がほとんど落ちたところで、色をつけたいところに軽く筆先をたたきつけ、色をのせていく

缶スプレー塗装・エアブラシ器具による塗装

筆による塗装以外には、缶スプレーやエアブラシなどによる吹付け塗装がある。缶スプレーは塗装の範囲が広く、色の強弱がつけにくいので、きのこ盆栽の塗装にはやや不向きだ。
エアブラシは、缶スプレーの塗装をさらに精密にした器具で、空気圧を調整できるので、狭い範囲の塗装やぼかし塗装などが可能。しかしやや高額で、塗装後の手入れが大変などの欠点がある。

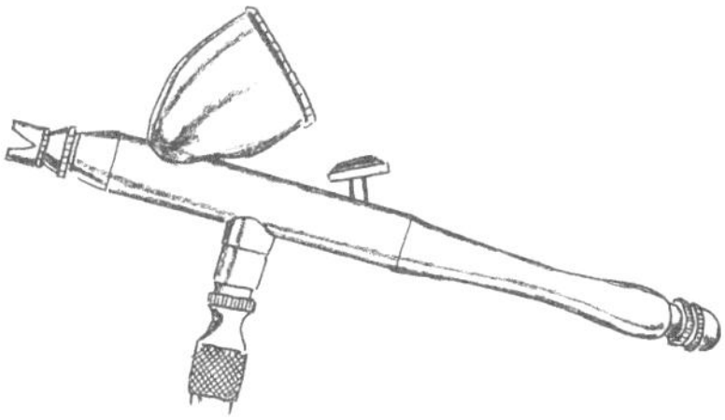

きのこ盆栽の作り方

▶ p.51

ハツタケ

1 カサの製作。粘土を手にとり、水分をよく含ませてこねる

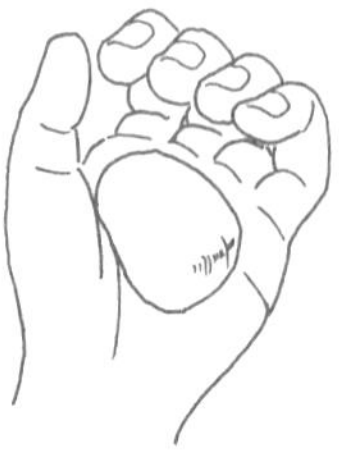

2 ハツタケはじょうご形になることが多いので、中央をくぼませた形に成形する

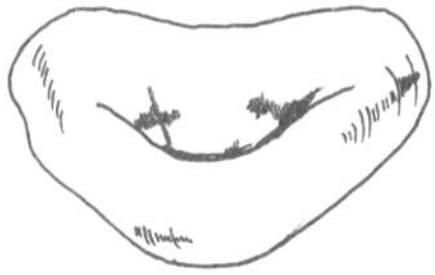

3 面をひっくり返し、デザインナイフで十字形のしるしをつける

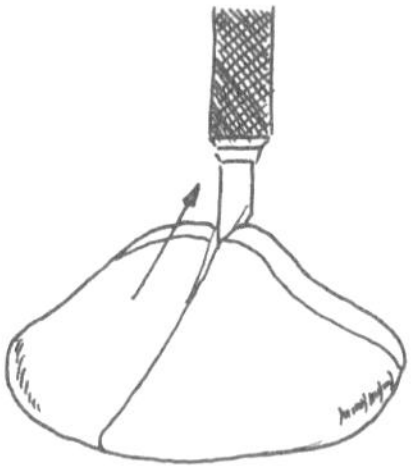

4 表面を充分湿らせた後、十字の線をもとに、ナイフで軽くなぞってヒダを作る

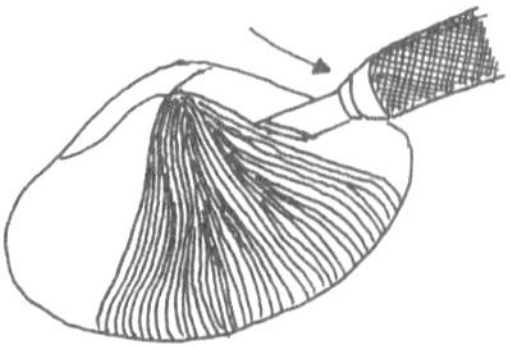

5 同じ要領で、成菌、幼菌など、きのこのカサを複数製作して乾燥させる

6 乾燥後、粗めの紙ヤスリでカサの上部を削り、滑らかにしていく

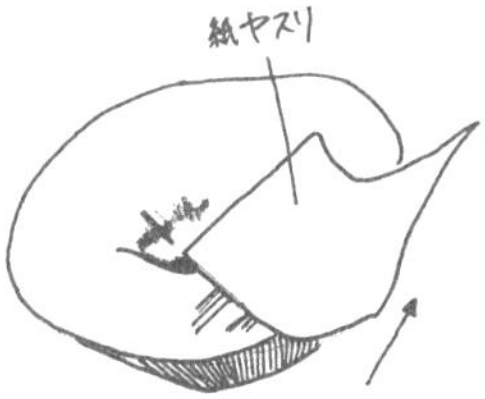

7 へこんだ箇所があれば、粘土パテを各部にのせ、乾燥後再び切削し、できるだけ面を平滑に近づける

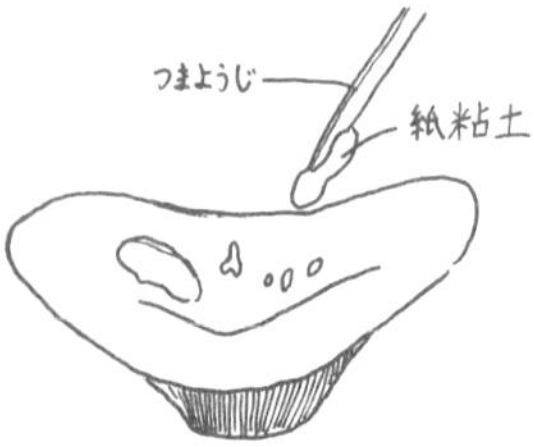

8 面が滑らかになったら、水を含ませた筆で表面を落ち着かせる。乾燥後、ヤスリの削り目が残っていないか入念にチェックする

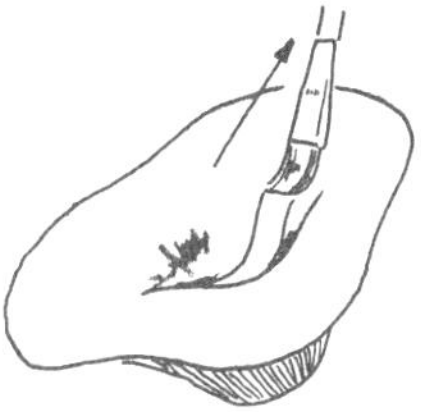

9 カサの完成。塗装に入ると修正できないので、表面にくぼみやキズがないか再度確認する

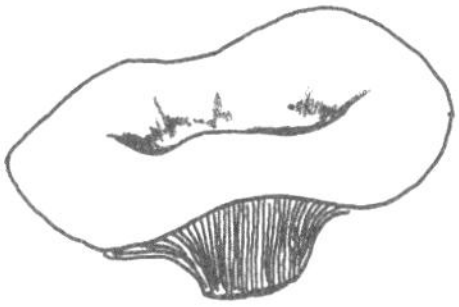

10 柄の製作。水を含ませ、円柱状のものを成形する

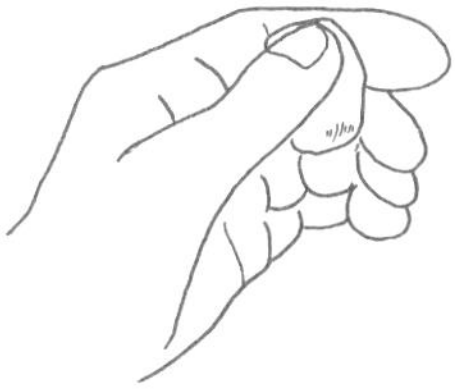

11 乾燥後、面をヤスリで整え、ピンバイスで上部と下部に穴を開ける

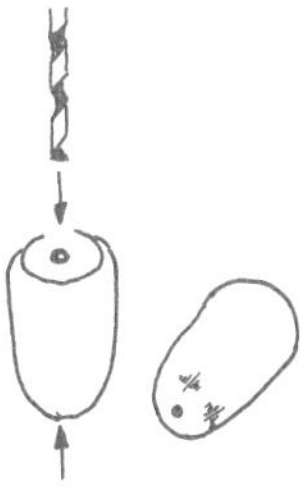

12 穴にピンバイスの径と同じ太さの針金を挿し込み、ボンドで接着する

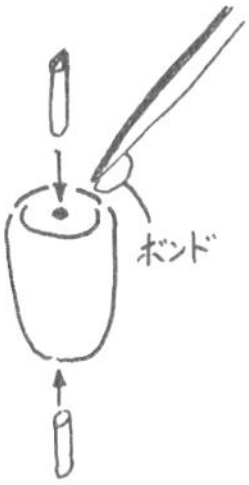

13 しっかり乾燥させたら、カサのパーツ裏面にも穴を開け、ボンドで柄を接着させる

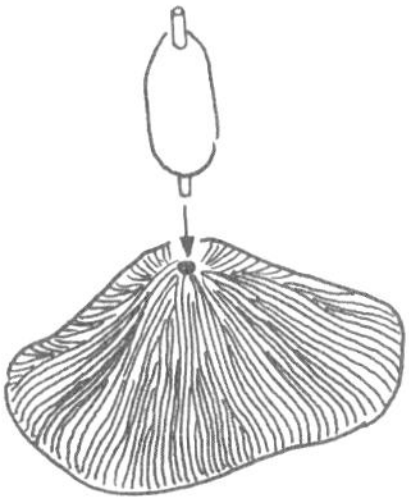

14 接着部の乾燥後、周囲を粘土パテで埋めていく

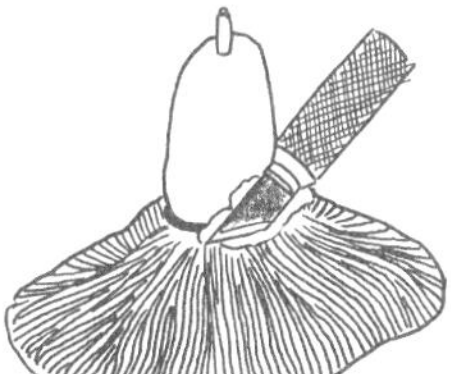

15 乾燥する前に、ナイフでヒダの切れ込みを入れ、接続部に違和感がなくなるまで調整を重ねる

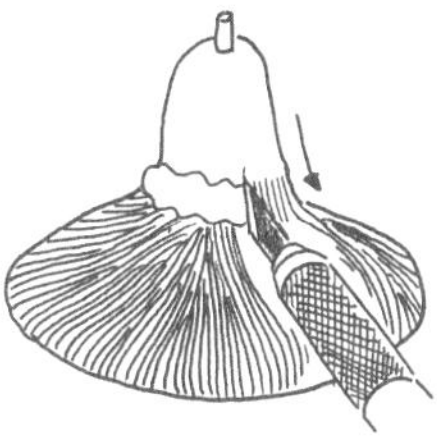

16 乾燥後、はみ出した粘土パテをヤスリがけし、カサと柄を完全に一体化させる

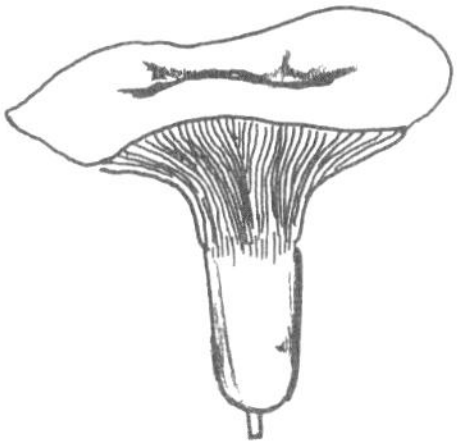

17 カサの塗装。まずは面相筆でオレンジ褐色の年輪模様を入れる。このとき、線の太さを均一にしないのがポイント

18 水や溶剤で薄めた明褐色を、カサの中心部から放射状に塗装する。このとき、筆圧で下地の年輪模様を消さないように注意する

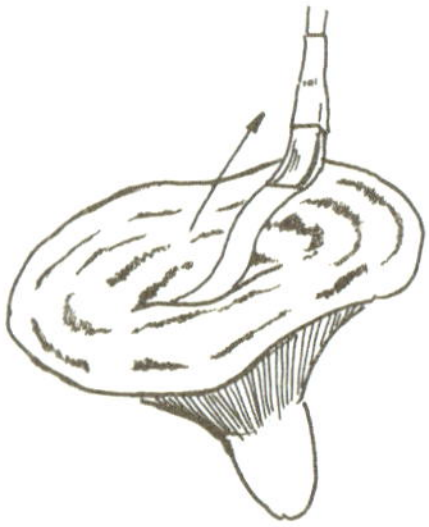

19 ハツタケには青変性があるので、各所に青色の塗料を染み込ませる

20 土台の製作。瓦の破片や自然石の上に、土台の粘土を貼り付ける

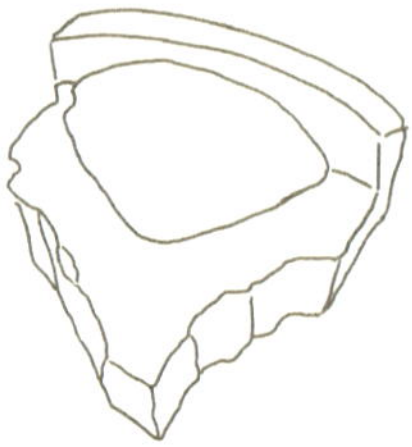

21 乾燥後、黒褐色に塗装し、その上から乾燥させたコーヒーの出がらしやカラーパウダーを接着させる

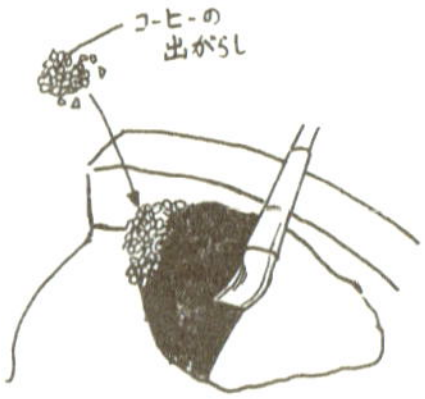

22 乾燥コケをボンドで接着する

23 土台に穴を開け、ボンドできのこを接着する

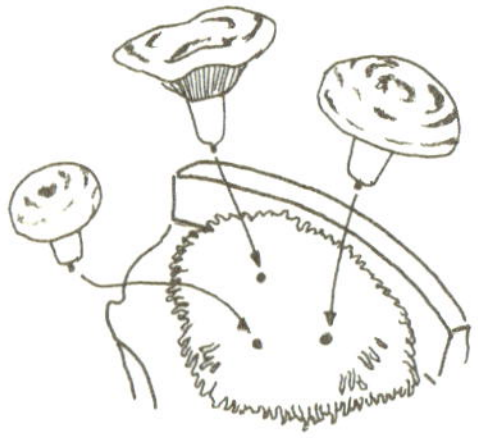

24 地面にマツの枯葉など落ち葉をちりばめ、自然のきのこが生息する環境を再現する

▶p.31

ベニテングタケ

1 カサの製作。粘土をよくこね、円盤状のものを作る

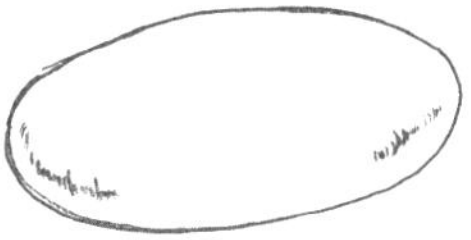

2 裏面に十字の切れ込みを入れ、その線をガイドにして、ナイフで細かいヒダ模様を入れていく

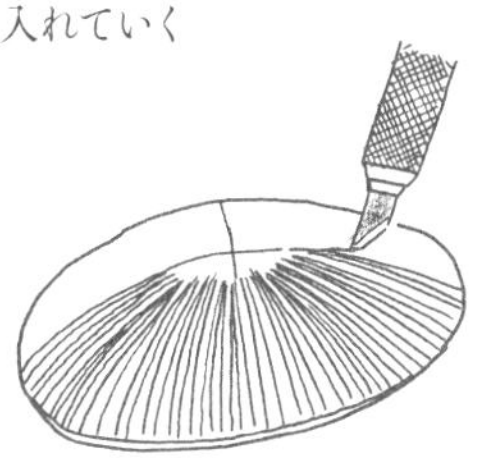

3 乾燥後、カサ上部の切削を繰り返し、ヤスリで面を整える

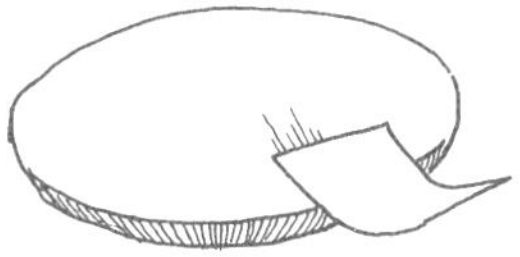

4 柄の製作。棒状のものを芯にして、周囲に粘土を肉付けする

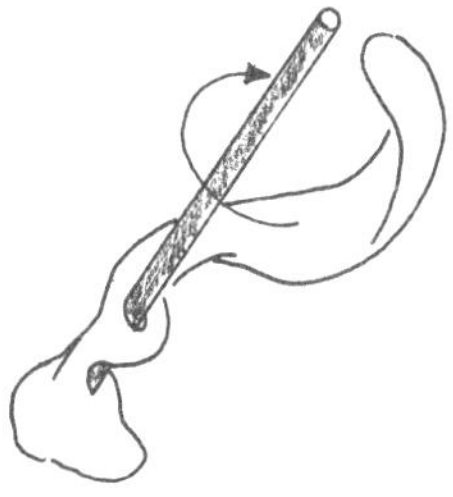

5 乾燥後、ヤスリで削り、柄が歪まないように成形する

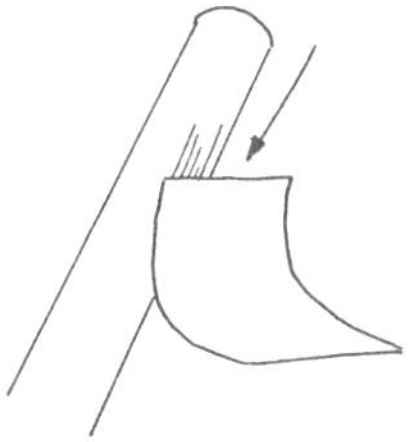

6 ささくれの製作。柄の表面に粘土パテを塗り、ヘラやナイフでこそいでいくようにして貼り付ける

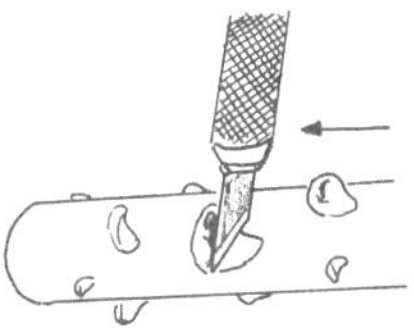

7 つばの製作。少量の粘土を麺棒などで薄く引き伸ばす

8 乾かないうちに、薄く伸ばしたものを柄へ巻きつける

9 つばの両端を貼り合わせ、はみ出した粘土を取り払い、面を整えて乾燥させる

10 つぼの製作。中心部が空洞となった球形を作る

11 上部をつまようじなどで引き伸ばし、ふちを波模様にする

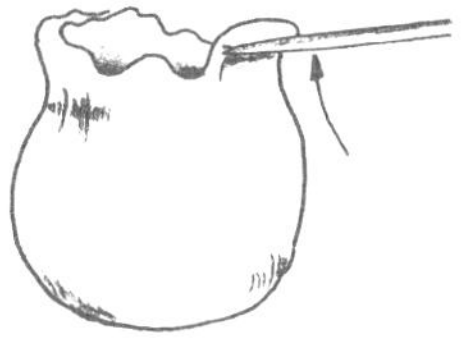

12 乾燥しないうちに表面へ凹凸模様やささくれなどを入れる

13 乾燥後、柄の基部にボンドをつけて接着させる

14 柄の上部に穴を開けて針金を仕込み、カサの裏面にも穴を開けて接着する

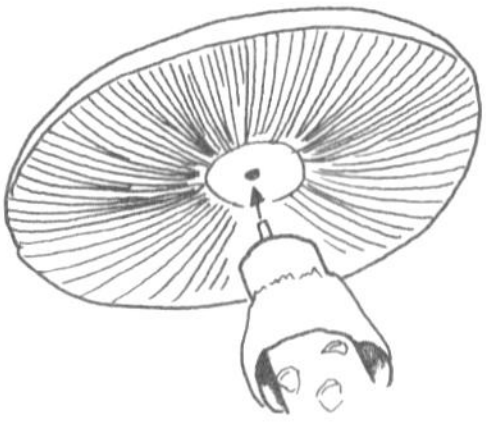

15 接着乾燥後、隙間に粘土パテを仕込む

16 粘土パテの部分にヒダの切れ込みを入れ、接続部の跡を消す

17 つぼの底面にピンバイスで穴を開け、同径の針金を挿し込み接着する

18 すべての接着が完了したら、塗装の前にキズ、へこみなどがないかチェックする

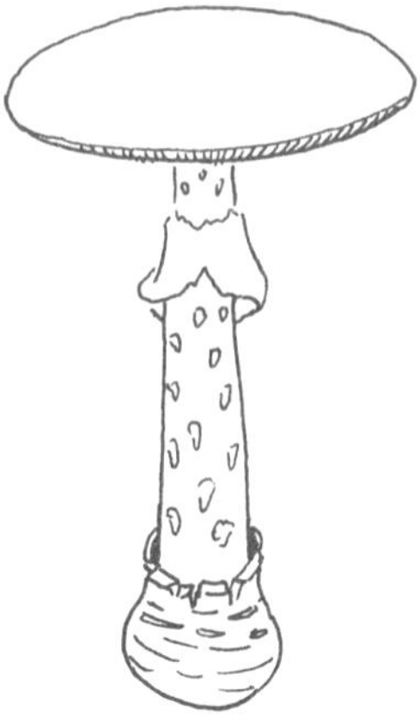

19 カサの塗装。希釈した明赤色を中心部から放射状に塗る。ふちどりは黄色やオレンジ色でぼかし塗装（ドライブラシ塗装）を行う

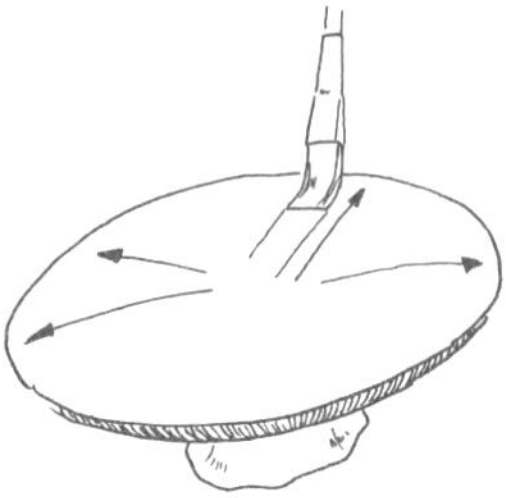

20 乾燥させた粘土の切片を、カサの上部に貼り付ける

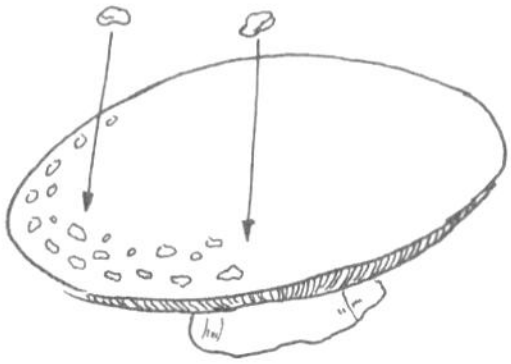

21 カサのイボは、均等になりすぎないよう、大小サイズの違うものをちりばめる

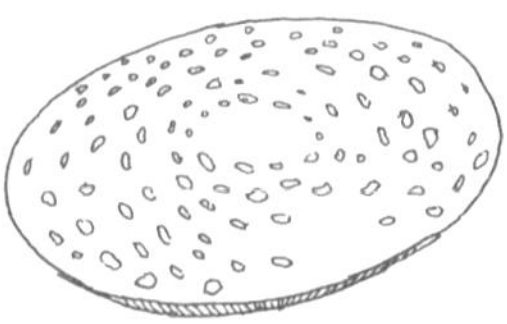

22 柄・ヒダを塗装する。重ね塗りによる色材の水分で、ヒダなどを潰してしまわないように注意

23 盆栽鉢に土台となる粘土、発泡スチロールを敷き詰め、表面を黒褐色で塗装する

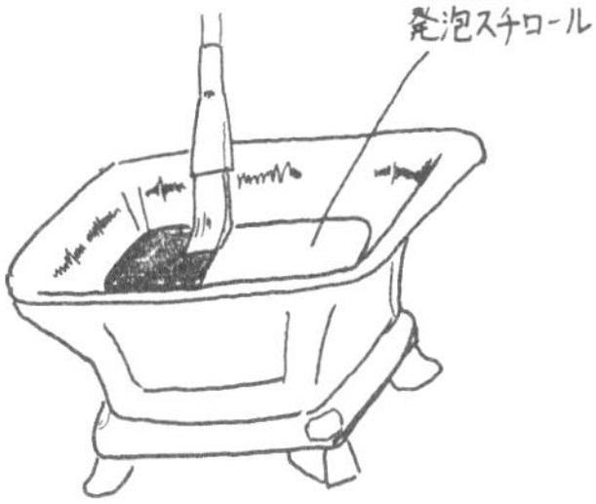

24 土台に穴を開け、きのこ基部にボンドをつけて接着する

25 土台の周囲にコーヒーの出がらし、スポンジ片などをちりばめ、地面のコケや土などを再現する

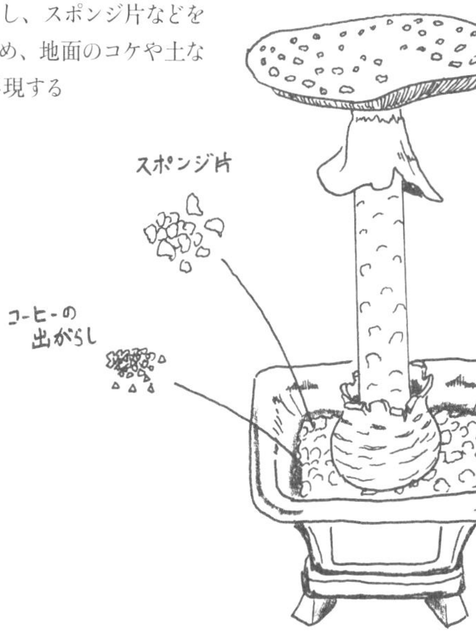

▶p.63

ナラタケ

1 カサの製作。まんじゅう形のものを複数個作る。ヒダを作るため、中央はくぼませる

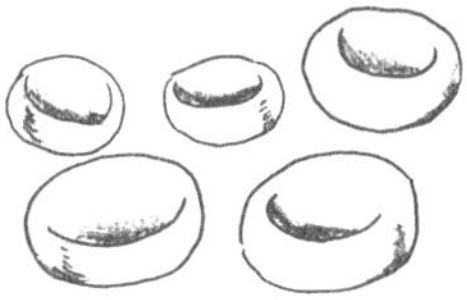

2 十字に切れ込みを入れたら、ナイフで線を引いてヒダを再現する

3 柄の製作。適当な長さの針金を複数個用意し、マスキングテープを巻きつける

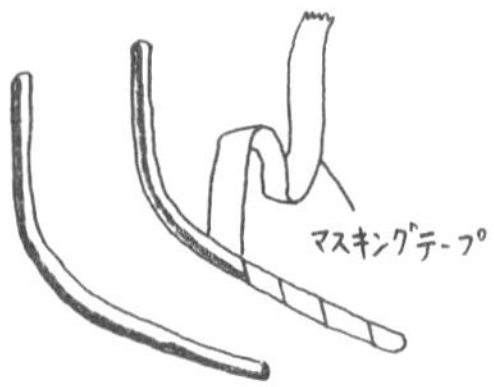

4 重ねて粘土を巻きつけ、乾燥後、ヤスリで表面を整える

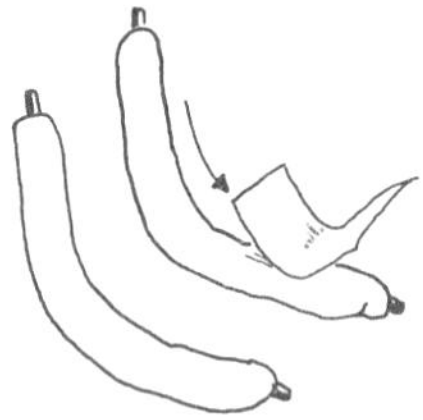

5 ナラタケにはつばがあるので、柔らかくした粘土を巻きつけ、ナイフで柄とつなぎ合わせる

6 柄同士を接合するとき、塗装がしにくくなる箇所があるので、場所に応じて先に塗装をしておく

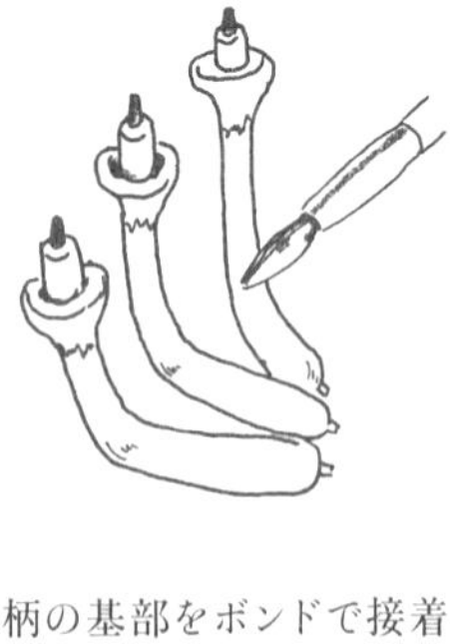

7 柄の基部をボンドで接着し、乾燥したら根元に粘土を貼り、束同士を接合する

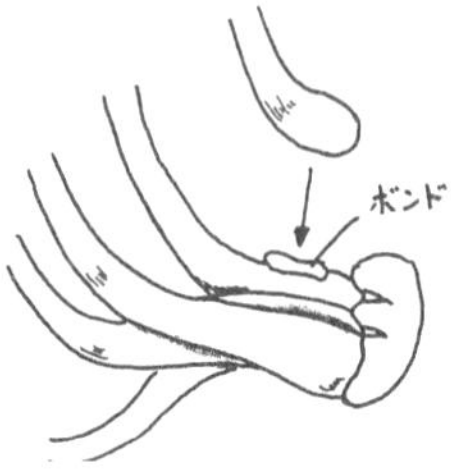

8 カサを塗装し、裏面に穴を開けて柄と接着させる。隙間ができる場合には粘土パテを使って埋める

9 束生したきのこの完成。きのこ基部に貼った粘土を切削し、柄と同系色で塗装する

10 盆栽鉢に、地面となる粘土を敷き詰める

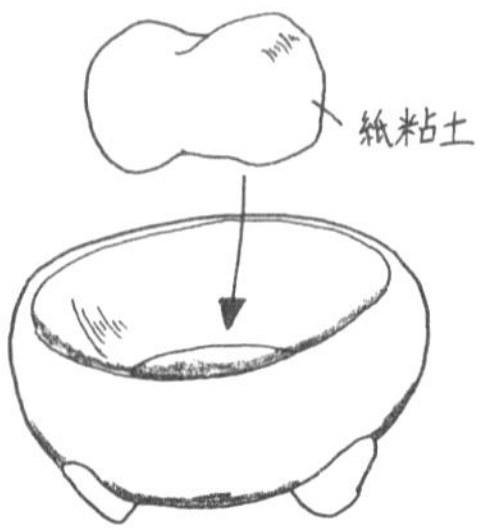

11 土台となる枯れ枝や空き缶などを入れる。このため、地面の中央部はへこませておく

12 木の枝、空き缶をマスキングテープなどでうまく固定し、乾燥させる。乾燥後はボンドで接着固定させる

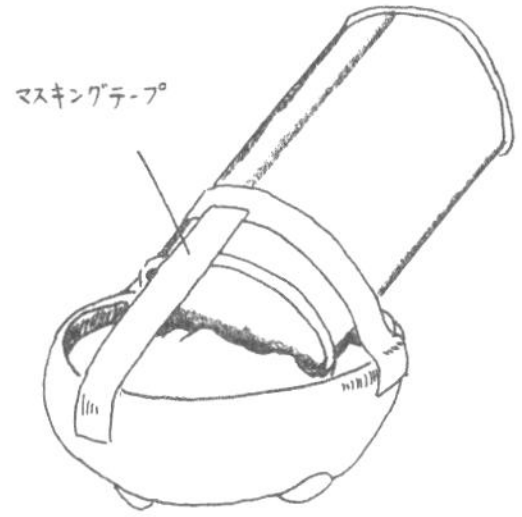

13 きのこの取り付け。ボンドできのこ基部が密着するように接着する

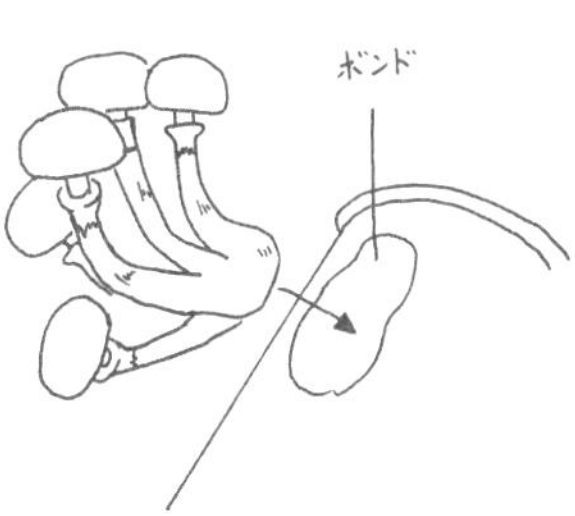

14 接着後は、乾燥するまではずれないよう、テープ、ヒモなどで固定しておく

15 接着乾燥後、できた隙間を紙粘土で埋め、きのこと同系色で塗装する

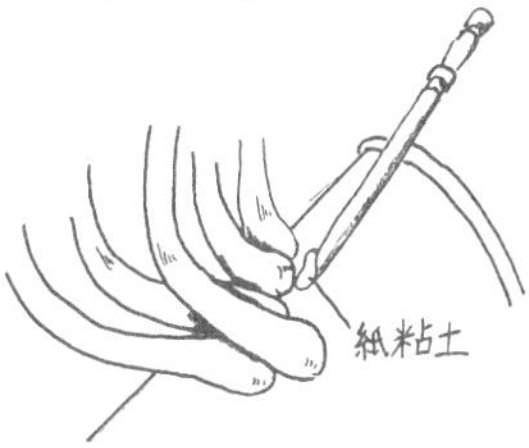

16 土台を黒褐色で塗り、その上から乾燥コケ、カラーパウダーなどを塗布する

▶p.11

ハナイグチ

1 カサの製作。粘土をこね、まんじゅう形のものを作る

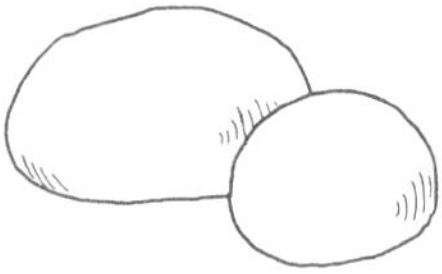

2 カサを裏返し、毛先の硬いブラシなどを押し付け、イグチ特有の管孔を再現する

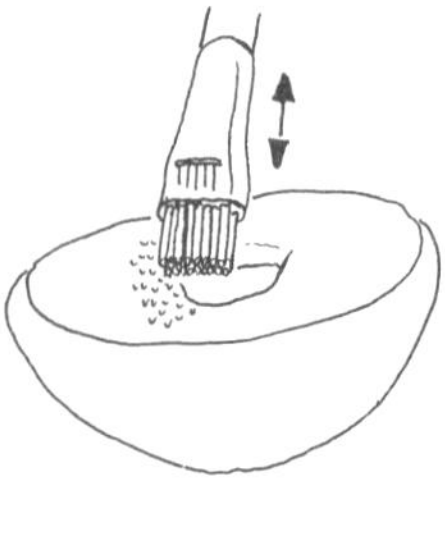

3 まんべんなく型押ししたところで乾燥させ、乾燥後はヤスリでカサ上部を滑らかにする

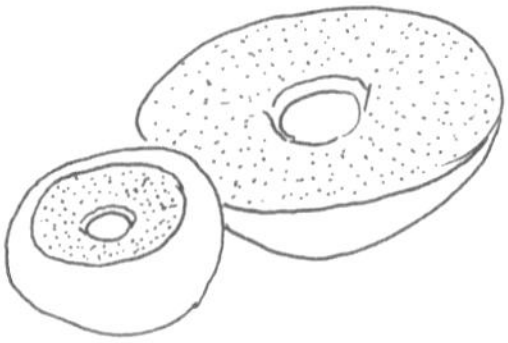

4 柄の製作。棒状のものを作り、乾燥、切削後、上部と基部に穴を開け、針金を接着させる

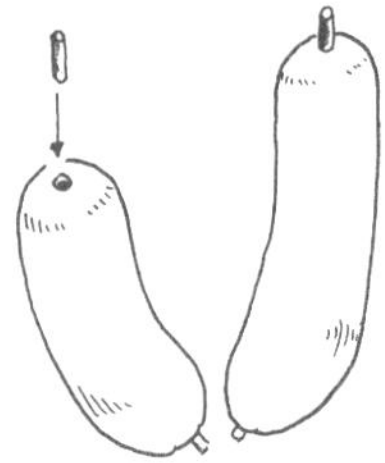

5 ハナイグチにはつばがあるので、柔らかい粘土を巻きつけ、つばを作る

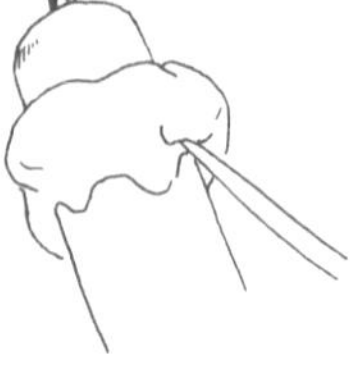

6 つば部の乾燥後、ヤスリで成形して表面を整える

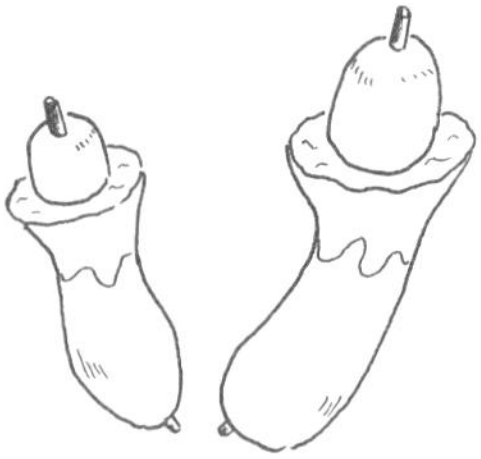

7 カサの裏面に穴を開け、柄の上部にボンドを塗り接着させる

8 乾燥後、接合部に粘土パテを塗り、隙間を埋める

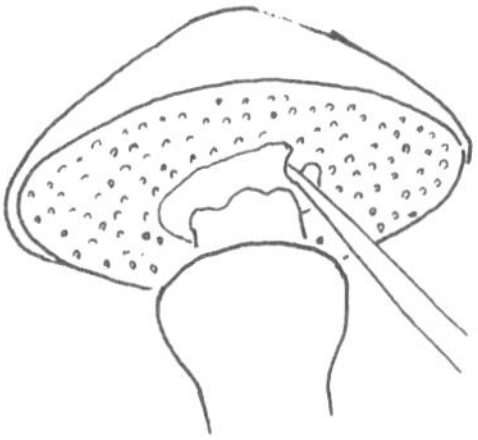

9 埋めた部分にブラシをあて、カサとヒダの接合部に違和感がなくなるように調整する

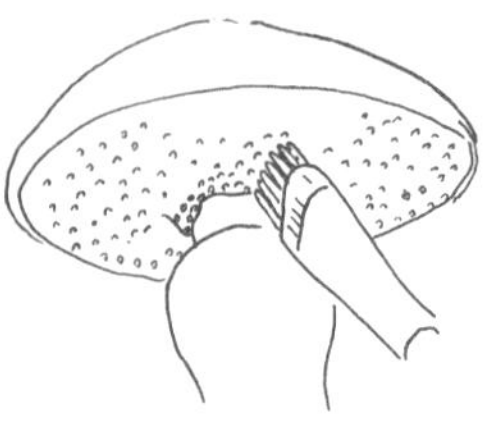

10 きのこの塗装。カサ、柄は明赤褐色、つばは白色からクリーム色で塗装する

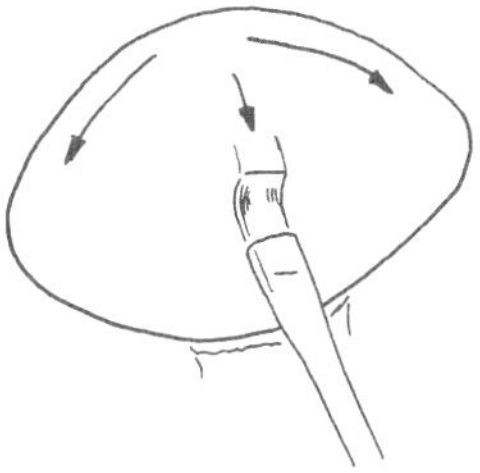

11 ぬめりを再現するため、透明レジン樹脂を使用する。主剤と硬化剤の分量を計測器で正確に計り、カップに入れてよく攪拌《かくはん》させる

12 よくかき混ぜたら、ヘラに樹脂をとり、カサ表面に薄く塗布する。硬化まで時間がかかるので乾燥するまで動かさないようにする

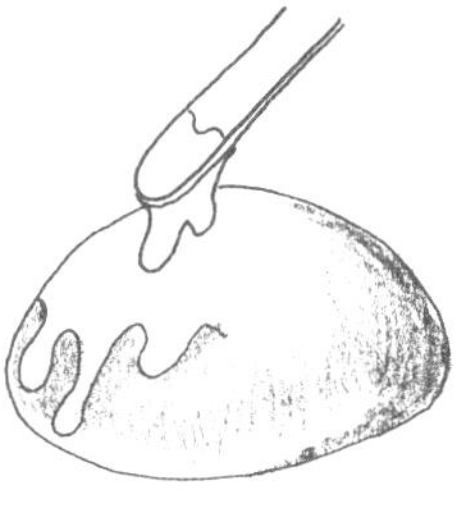

13 盆栽鉢に、土台として発泡スチロール、粘土を敷き詰めて乾燥させる

14 土台の表面を暗褐色で塗装する

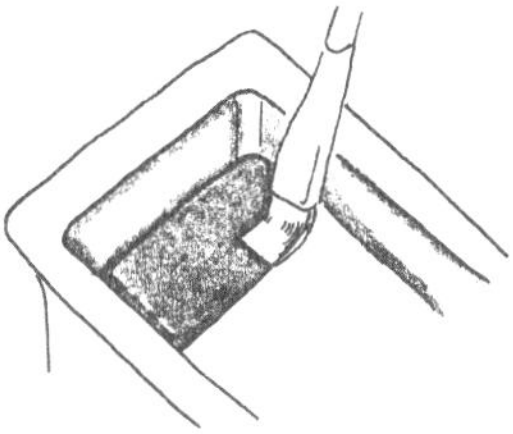

15 土台に穴を開け、きのこ本体をボンドで接着し、固定させる

16 きのこの周囲に、カラマツの落ち葉やコーヒーの出がらし、スポンジなどを貼り付ける

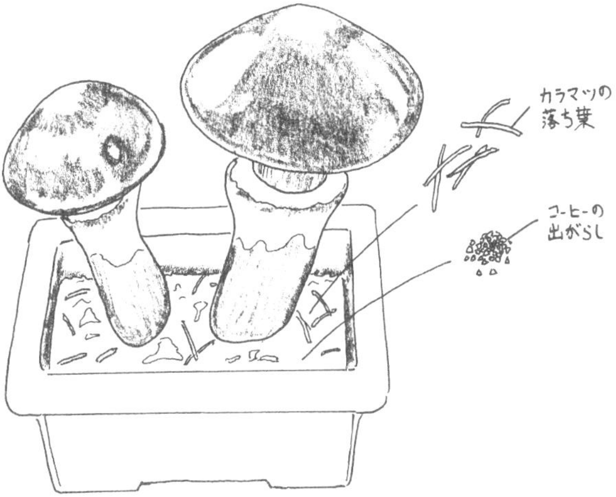

▶ p.61

スッポンタケ

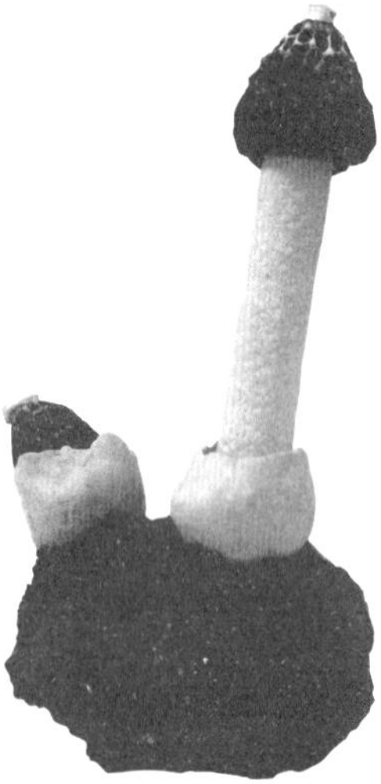

1 頭部の製作。粘土をこねて円錐状の形を作る

2 頭頂部には穴が開いているので、つまようじなどを挿し込み穴を開ける

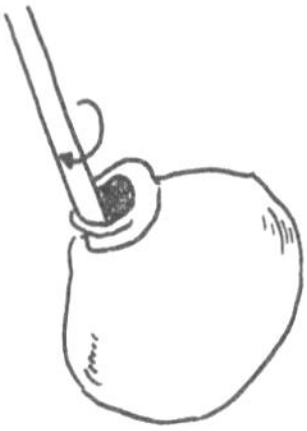

3 側面につまようじで不規則なくぼみをつけ、蜂の巣状にしたら乾燥させる

4 柄の製作。棒などを芯にして、周囲に粘土を巻きつける

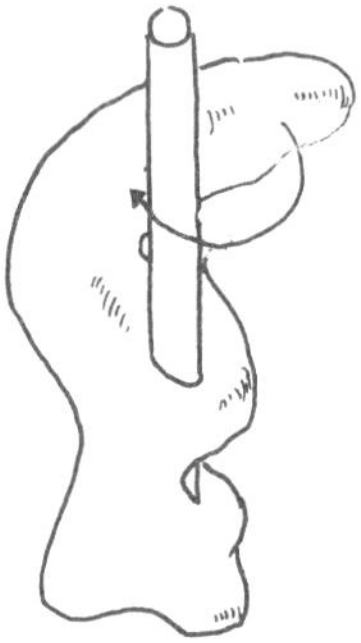

5 毛先の硬いブラシなどをこすりつけ、表面を梨地状にする

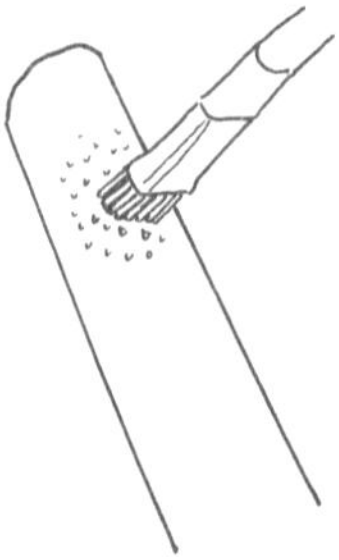

6 乾燥後、ピンバイスで両端に穴を開け、その穴に針金を挿し込み接着する

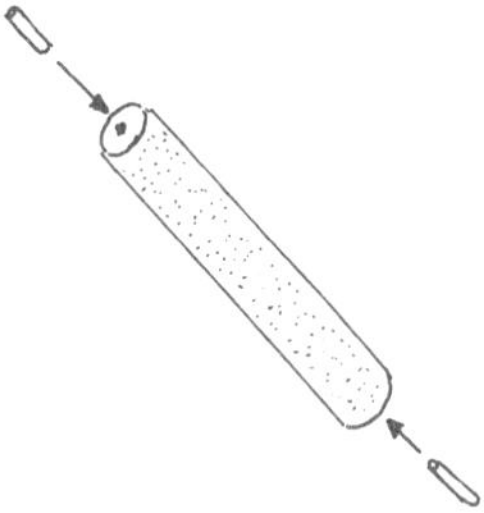

7 つぼの製作。中央部をくぼませた球状のものを成形する

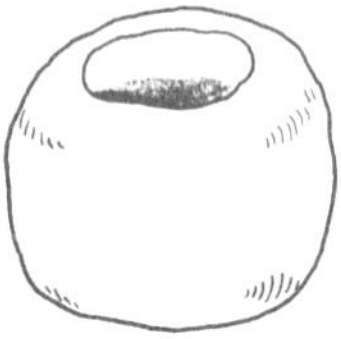

8 穴の周囲をつまようじなどで薄く引き伸ばし、つぼの割れ目を再現する

9 つぼの内部に、きのこ本体が収まるスペースを確保して乾燥させる

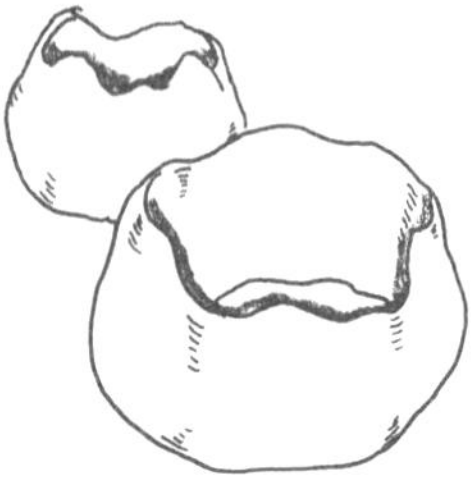

10 柄を白色、つぼをホワイトからクリーム色で塗装し、頭部の裏面、つぼの内部に穴を開け、柄と接着する

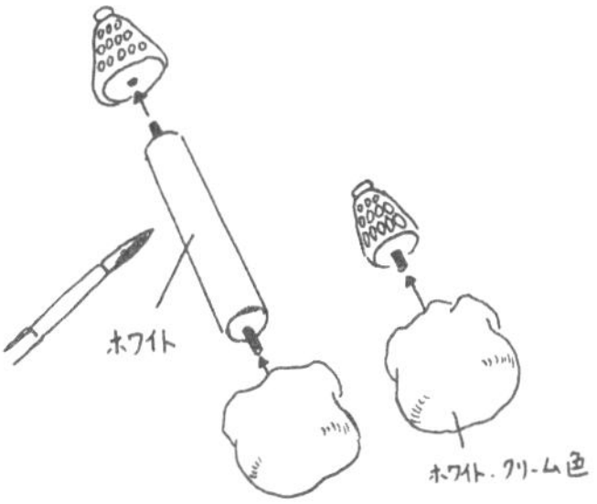

11 つぼの底面に穴を開け、土台固定用の針金を挿し込み接着する

12 全パーツ接着後の姿。成菌と幼菌の組み合わせにしたが、成菌同士で製作してもよい

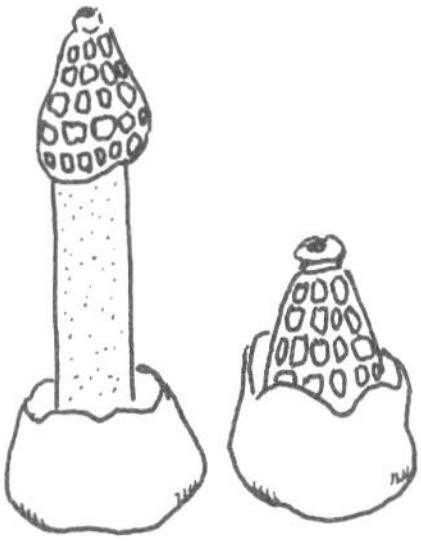

13 頭部の塗装。蜂の巣部をカーキ色で塗装する

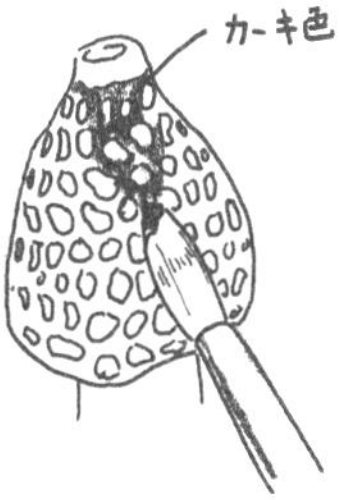

14 頭部のグレバは液状なので、ニス、木工用ボンドを塗布して光沢を出す

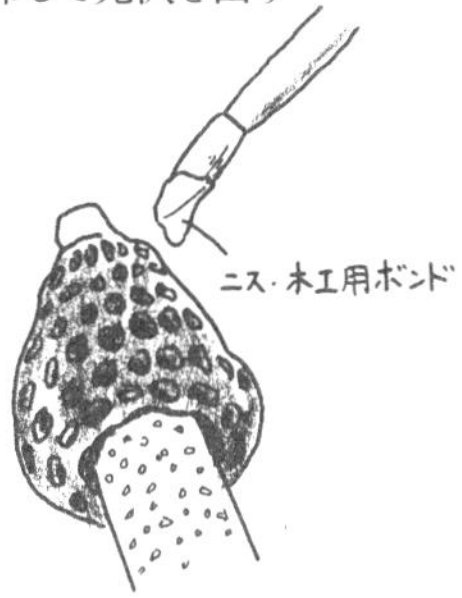

15 自然石に粘土を貼り付け、表面を黒褐色で塗装する

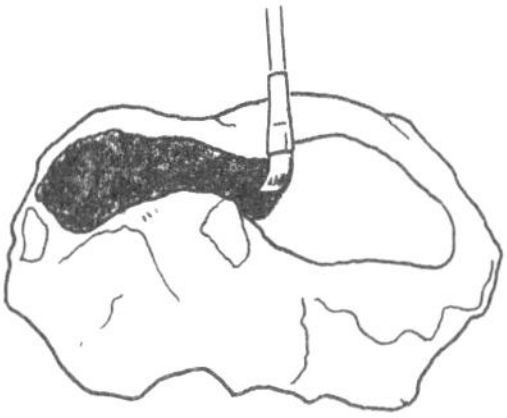

16 粘土に固定用の穴を開け、きのこ本体をボンドで接着する。地表部にはカラーパウダー、乾燥させたコーヒーの出がらしを貼り付ける

きのこ盆栽のかたち

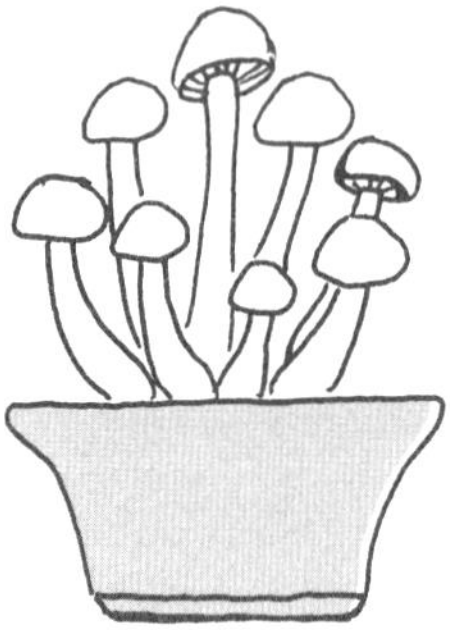

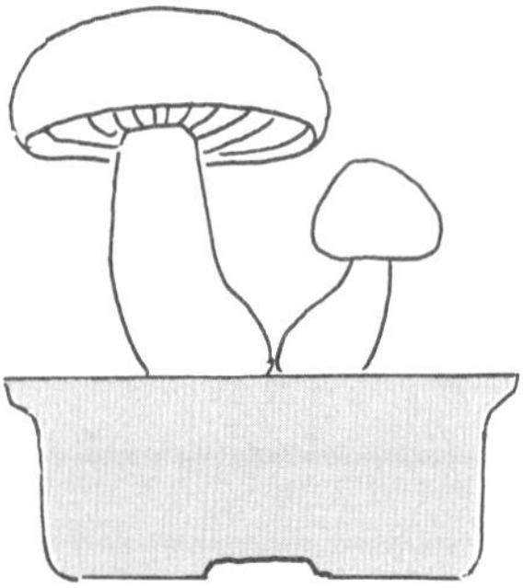

双生型

メインとなるきのこと、小柄なきのこを並べたかたち。バランスが取りやすく、成菌と幼菌の様子を同時に眺めることができるのでおすすめ。シメジ、フウセンタケ、イグチ、その他多くのきのこに使用できる。

束生型

束のようになって生えるきのこを再現したかたち。製作にはやや手間と時間がかかる。植木鉢は円形など、丸みを帯びたものと相性がよい。シャカシメジ、クリタケなどに。

単生・直幹型

テングタケ・カラカサタケなど、まっすぐに伸び、大柄なきのこのかたち。単生の場合は意外と配置が難しい。植木鉢は比較的小柄なものを使用するとよい。また、幼菌もあわせて配置するとバランスを取りやすい。

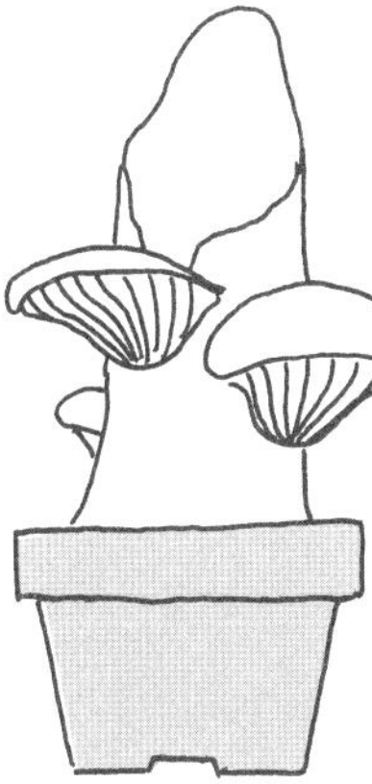

散生型

ぽつぽつとまばらに発生するきのこに使うかたち。土台の面積が必要なので、底の浅い小判鉢、南蛮皿などを使用する。ベニタケ、ウラベニホテイシメジなどに。

側面発生型

木材などを土台にして、横向き、斜めに生えるきのこを再現するかたち。土台に接着する際は、はずれないようにしっかりとテープなどで固定する必要がある。木材などを挿し込むので、植木鉢は適度に深さのあるものを選ぶ。ヒラタケ、ツキヨタケ、ナメコなどに。

懸崖型

植木鉢からこぼれ出るような姿を作り、自然のダイナミックさを再現するかたち。側面発生型同様、しっかりと接着する必要がある。植木鉢はやや縦長で、底が深いものが適しているが、きのこの重さで転倒してしまうことがあるので、バランスが崩れないような植木鉢を使用する。オオワライタケ、ヤナギマツタケなどに。

あとがきにかえて

盆栽に対する関心の高まり

最近、都市部において盆栽を見かける機会が多くなった。ショッピングフロアの一角に、インテリアとして盆栽が飾られていたり、園芸店でも特設コーナーが設けられたりしているのをふと目にすることがある。「盆栽は年寄りの趣味」という考え方も、今は昔の話になりつつあるようだ。

ここまで盆栽文化が広まった理由のひとつに、盆栽という趣味そのものが、一般的に親しみやすいものになったことが大きい。盆栽に関する書籍や、インターネット、盆栽を学ぶカルチャースクールの登場により、今までよくわからなかった、盆栽についての知識、技法がよくわかるようになってきた。

これにより、園芸の一ジャンルとして、気軽に盆栽をはじめる人が増えた。ミニ盆栽として、ベランダを棚場にして、現在では多くの人がそれぞれの盆栽を楽しんでいる。

本書では、紙粘土で製作したきのこ盆栽について書いてきたが、本書を閉じるにあたり、そもそも盆栽とは何か、について簡単に触れておきたい。「生きた」盆栽を理解していただければ、きのこ盆栽の楽しみも倍加すると思うからだ。

私自身、盆栽を趣味として楽しんでいる人間のひとりとして、これから盆栽をはじめてみようと思う方の手引きになれば幸いである。

盆栽とは

盆栽には、「松柏《しょうはく》盆栽」と「雑木《ぞうき》盆栽」がある。

松柏盆栽はおもに、マツやスギ、ヒノキなどの針葉樹を、雑木盆栽はそれ以外の広葉樹を指す。雑木盆栽をさらに細分化すると、紅葉を楽しむ「葉もの盆栽」、花や実を楽しむ「花もの盆栽」「実もの盆栽」と区分することができる。

「盆栽は宇宙」と、表現されることがある。これは盆栽に、「鉢という限られた空間で自然界の風景を再現する」という命題があるためである。美しい樹形を作ることも盆栽においては大切だが、その木に秘められた物語や、背景をも映し出すような作品が至高とされている。それゆえに、評価の対象は樹皮の古さ、根張りの強さという点にまで及んでいる。

盆栽では、鉢を含めた全体の構成が重要視される。そのためそれぞれの樹木によって、適宜、鉢との相性を見極めることも大事な作業となる。

盆栽は、ひと鉢にひとつの木という構成のものが大部分であるが、中には、ひと鉢に数本の木を植え込む作品もある。また、木と草花を組み合わせた作品や、苔玉のような盆栽の亜種ともいえる作品なども、最近になり見受けられるようになった。

現在では、既存の価値観にとらわれず、盆栽として取り上げられてこなかった樹木を素材とした作品づくりなども各所で試みられている。

身近な植物ではじめる盆栽

ここまで、盆栽についての簡単な説明を、急ぎ足で述べてみた。

以上の文章を読んで、盆栽は決まりごとが多く、難しそうだと感じている人が多いのではないだろうか。確かに盆栽には、他の園芸にはない細かなルールが存在している。これも初心者がはじめにくい理由のひとつだろう。

しかし、変に萎縮する必要はない。盆栽といえども、近年になって確立された価値観や技法にあふれている。盆栽も一般園芸のように、流行や価値観の変異などに大きく流される歴史を辿ってきた。

盆栽をはじめてみたいという方には、盆栽のルールを身につけて頭でっかちになるより、思い切って盆栽をひと鉢、手もとに置いてみることをおすすめしたい。

結局のところ、盆栽とは「木と人との会話」だ。試行錯誤を繰り返しながら、自分なりのひと鉢を作ってみるのも、盆栽の楽しみ方のひとつである。

はじめから高額な盆栽を手に入れる必要はない。近くの公園に出向いて、モミジやケヤキの種を拾ってくれば、タダで素材を入手できる。うまく発芽させて管理すれば、1年目から自宅で紅葉も楽しめてしまう。仮に枯らしてしまったとしても、高額な盆栽よりも精神的ダメージは少ないだろう。植木鉢も、苗のうちは手もとにあるもので構わない。

ある程度管理の仕方がわかってきたら、さらなる樹格向上を目指して、盆栽関連の本を読んでみよう。盆栽に関する知識を得るのは、ここからでも遅くはないはずだ。今まで培った技術をもとに、本格盆栽に挑戦してみてもいい。盆栽への入口は、意外と大きく開かれている。

盆栽に関する見識が広がれば、今まで見ていた周囲の世界が一変する。何気なく歩いていた道路でも、この街路樹は何の木だろうとか、落ちている実を見つけては、そのたび図鑑を引いて調べてみたくなる。盆栽の手引きによって、近所の公園も、旅先での散歩道も、一層鮮やかな景色になること請け合いだ。

樹木に対する慈愛が深まれば、貴方にとって「盆栽」は、一生のパートナーとなってくれるに違いない。

2014年3月
渋谷卓人

渋谷卓人（しぶや・たくと）

1987年生まれ。大東文化大学文学部日本文学科修了。
幼少期よりきのこの不思議な生態に関心を抱き、野生のきのこ採取に力を注ぐ。
2011年より、盆栽園、商社勤務を経て「きのこ盆栽」の作品づくりを本格的に開始。
「きのこ・菌類の地位向上」をモットーに、盆栽の美的感覚ときのこの美しさを生かした独自の作品を精力的に発表している。
菌類のほか日本の植物に関する造詣も深く、登山や散策を通して、野山に自生する植物の観察なども継続的に行っている。

参考文献
『増補改訂新版　山溪カラー名鑑　日本のきのこ』今関六也・大谷吉雄・本郷次雄：編・解説、山と溪谷社、2011年
『検索入門　きのこ図鑑』本郷次雄：監修、上田俊穂：著、伊沢正名：写真、保育社、1985年
『コンパクト版6　原色きのこ図鑑』印東弘玄・成田傳蔵：監修、北隆館、1992年

きのこ盆栽

2014年 6 月30日　初版発行
2014年 7 月 7 日　2刷発行

著者　渋谷卓人
発行者　土井二郎
発行所　築地書館 株式会社
東京都中央区築地7-4-4-201　〒104-0045
TEL 03-3542-3731　FAX 03-3541-5799
http://www.tsukiji-shokan.co.jp/
振替 00110-5-19057
印刷・製本　シナノ印刷 株式会社
デザイン　吉野愛

ISBN978-4-8067-1479-8

築地書館の本

作ろう草玩具

佐藤邦昭［著］

1200円＋税　◎11刷

草花あそびなどと並んで、ずっと昔から大勢の子どもたちの、または大人たちの「遊び心」によって考えられ、作られ、楽しまれ、伝承されてきた草玩具。

身近な草や木の葉でできる、昔ながらの玩具の作り方を、図を使って丁寧に紹介。

カタツムリ、馬、カエルなど、大人も子どもも作って楽しく、遊んで楽しい。

夏休みの自由研究や工作にもぴったり。紙でも作れます。

森のさんぽ図鑑

長谷川哲雄［著］

2400円＋税　◎2刷

普段、間近で観察することがなかなかできない、木々の芽吹きや花の様子がオールカラーの美しい植物画で楽しめる。

ページをめくれば、この本を片手に散歩に出かけたくなる！

300種に及ぶ新芽、花、実、昆虫、葉の様子から食べられる木の芽の解説まで、身近な木々の意外な魅力、新たな発見が満載で、植物への造詣も深まる、大人のための図鑑。

価格・刷数は2014年5月現在

築地書館の本

ふしぎな生きものカビ・キノコ

菌学入門

ニコラス・マネー［著］小川真［訳］

2800 円＋税　◎2 刷

菌が存在しなかったら、今の地球はなかった！
毒キノコ、病気・腐敗の原因など、見えないだけに古来薄気味悪がられてきた菌類。だが、人間が出現するはるか昔に地球上に現われた菌類は、地球の物質循環に深くかかわってきたのだ。
菌が地球上に存在する意味、菌の驚異の生き残り戦略、菌に魅せられた人びとなどを、やさしく楽しく解説した菌学の入門書。

チョコレートを滅ぼしたカビ・キノコの話

植物病理学入門

ニコラス・マネー［著］小川真［訳］

2800 円＋税

ジャガイモ、トウモロコシ、コーヒー、チョコレート（カカオ）、ゴムの生産に大きな影響力をもち、クリやニレなど都市景観を形成する樹木を大量枯死に追いやる。
生物兵器から恐竜の絶滅まで、地球の歴史・人類の歴史の中で、大きな力をふるってきた生物界の影の王者、カビ・キノコ。
地球上に何億年も君臨してきた菌類王国の知られざる生態を描くとともに、豊富なエピソードを交えた平易でありながら高度な植物病理学の入門書。

価格・刷数は 2014 年 5 月現在